U0467677

Staread
星文文化

提高自我肯定感的100个法则

[日]根本裕幸 著　吕艳 译

北京日报出版社

图书在版编目（CIP）数据

提高自我肯定感的 100 个法则 /（日）根本裕幸著；
吕艳译 . -- 北京：北京日报出版社，2024.6
ISBN 978-7-5477-4657-8

Ⅰ . ①提… Ⅱ . ①根… ②吕… Ⅲ . ①心理学—通俗
读物 Ⅳ . ① B84-49

中国国家版本馆 CIP 数据核字 (2023) 第 136699 号

JIKOKOTEIKAN O TAKAMERU 100 NO HOSOKU
Copyright © 2021 by Hiroyuki NEMOTO
All rights reserved.
First original Japanese edition published by JMA Management Center Inc.
Simplified Chinese translation rights arranged with JMA Management Center Inc.
in care of PHP Institute, Inc. through Bardon Chinese Creative Agency Limited

北京版权保护中心外国图书合同登记号：01-2024-1480

提高自我肯定感的 100 个法则

出 品 人：柯　伟
选题策划：刘思懿
责任编辑：曹　云
特约编辑：刘思懿
封面设计：水　沐
版式设计：修靖雯
出版发行：北京日报出版社
地　　址：北京市东城区东单三条 8-16 号东方广场东配楼四层
邮　　编：100005
电　　话：发行部：（010）65255876
　　　　　总编室：（010）65252135
印　　刷：北京盛通印刷股份有限公司
经　　销：各地新华书店
版　　次：2024 年 6 月第 1 版
　　　　　2024 年 6 月第 1 次印刷
开　　本：880 毫米 ×1230 毫米　　1/32
印　　张：7.25
字　　数：140 千字
定　　价：45.00 元

版权所有，侵权必究，未经许可，不得转载

前　言

　　不知不觉中,"自我肯定感"已成为社会上的流行词,明星常在电视节目中说到它,书店里以它命名的书籍也种类繁多。这些现象都表明,越来越多的人开始关注自我肯定感及如何提高自我肯定感的话题。

　　调查显示,日本人的自我肯定感远低于其他国家的人,这源于他们重视"和谐"而非"个人"的国民性。当然,看重和谐也有很多好处:与坚持自我相比,良好的社会适应能力是我们生存和发展的重要保障。

　　回忆童年,相信你还记得生活中父母曾对你说过无数次的那些话:

　　"你看×××坐在那里多安静啊!你能不能消停一会儿?"

　　"你不觉得丢人吗?你这样会被别人笑话的!"

　　"既然大家都在做,那你也别搞特殊。不要浮躁!"

　　"你看人家×××多好,你怎么就这么差劲?!"

"这是你身上最大的问题,你必须改掉这个臭毛病!否则,你长大后一定会后悔的!"

正因为接受过这样的教育,很多人即使在成年之后,也十分在意他人的目光与自己的面子,一旦自己的行为与他人的不一致就会尴尬,还会因利害关系而隐藏自己的个性。他们非常在乎他人对自己的看法,在乎自己在他人眼中是否另类,总是害怕别人会讨厌自己。

随着互联网的繁荣发展,我们已经步入了更需要主张个性而非随波逐流的时代。与此同时,人们越来越希望按照自己的意愿生活,人们的生活方式也愈加多样化。在这样一个时代,人们必然会强调自我肯定感(接受真实自我)的重要性。

自我肯定感意味着认可自己的长处,接受自己的短处。直白点说,就是一个人对自己的价值观、所有的想法和感受,都给予认可。

过去,我们害怕突出表现自己,从而试图隐藏自己的长处,并认为只有弥补自己的短处才能免于让别人讨厌自己。然而,为众多客户提供心理辅导后,我站在自我肯定感的角度认为,"人往往因自己的长处而爱人,因短处而被爱"。换言之,"一个人的长处让他有能力帮助别人,而一个人的短处则给了别人帮助他的机会"。

是的,我们不应"修复"自己的短处,而是要把它当作让他人帮助自己的一个契机。

你能想象做到这一点后，你的生活会有多么轻松吗？如果可以更加友善地对待自己、珍惜自己，优先考虑自己的状况，你的日常生活将会发生怎样的变化呢？

学习提高自我肯定感的方法，并根据自身情况开展实践，数月之后，你的人生会变得更加丰富且轻松。

本书将以通俗易懂的语言介绍提高自我肯定感的100个法则，你不必逐一付诸实践。我建议大家在萌发"哦，这个方法好像很有用""我想试试这个"等想法时，再进行尝试。换句话说，我希望你在阅读本书的过程中能以自我为重，选取对自己有用的部分。

下面就开始和我一起学习提高自我肯定感的100个法则吧！相信数月之后，你的人生将会迎来可喜的变化，请拭目以待！

2021年6月

根本裕幸

[目录]

第一章 | 自我肯定感的重要性

1 关注自我肯定感，挖掘自身不顺利的原因 ……………… 002
2 自我肯定感低的后果：困难的社会交往 ……………… 004
3 自我肯定感低的后果：疲惫的工作状态 ……………… 006
4 自我肯定感低的后果：不稳定的恋情 ………………… 008
5 自我肯定感低的后果：不和谐的婚姻 ………………… 010
6 自我肯定感低的后果：冲突不断的家庭 ……………… 012
7 自我肯定感低的后果：令人焦虑的家庭教育 ………… 014
8 提高自我肯定感，让好事降临 ………………………… 016
总结 ……………………………………………………………… 018

第二章 | 影响自我肯定感的思维方式

1 自我否定是自我肯定感低的表现 ……………………… 020
2 执着于"正确答案" ……………………………………… 022

3 无法表达自身意见	024
4 不清楚自己的喜好	026
5 总是把错误归咎于自己	028
6 看到自己的罪恶感	030
7 罪恶感的类型	032
8 总喜欢以他人为轴心	036
9 对人际关系有一种疲惫感	038
10 善于感知的人更容易有人际关系压力	040
11 善于感知的人往往会以他人为先	042
12 不能给予他人爱和快乐	044
13 为了寻求奖励而进行"交易"	046
14 不要做以孩子为轴心的父母	048
15 提高自我肯定感的必要条件	050
16 获得真正的安全感	052
17 让感知能力发挥积极作用	054
18 衡量与他人之间最为恰当的距离	056
19 建立相互依存的人际关系	058
20 以自我为轴心，真正去解决问题	060
21 "这就是现在的我"，化解自己的罪恶感	062
22 掌握表扬的方法	064
总结	066

第三章 | 提高自我肯定感的方法

1 走向自我肯定的第一步：专注于自己 …………… 068
2 思考重要的东西，增强自我意识 ……………… 070
3 换个角度看弱点，发现自己的个性 …………… 072
4 通过创伤事件重新审视过去 …………………… 074
5 通过尴尬事件重新审视过去 …………………… 076
6 通过失恋经历重新审视过去 …………………… 078
7 通过挫折经历重新审视过去 …………………… 080
8 通过叛逆期的自己重新审视过去 ……………… 082
9 通过印象深刻的事件重新审视亲情 …………… 084
10 通过母亲的形象重新审视家庭关系 …………… 086
11 通过父亲的形象重新审视家庭关系 …………… 090
12 宣泄情绪，重新回到内心平静的状态 ………… 092
13 通过共情，梳理对过去的感悟 ………………… 094
14 与自己心中的母亲对话，改变"真相" ………… 096
15 专注于爱，放下罪恶感 ………………………… 098
16 用"我没有错"肯定自己 ……………………… 100
17 肯定过去的努力，为自己点赞 ………………… 102
18 收集自己一直被爱的证据 ……………………… 104
19 把自己当作自己最好的朋友 …………………… 106
20 告诉自己"我是我，别人是别人" …………… 108

21 不要太在意别人是不是喜欢自己 …………… 110
22 回顾被人赞美的经历 …………………… 112
23 周围人的魅力就是你自己的魅力 …………… 114
24 制作愿望清单和逃避清单 …………………… 116
25 让微笑成为一种习惯 …………………… 118
26 设定梦想和目标 …………………… 120
总结 …………………………………………… 122

第四章 | 提高自我肯定感的习惯

1 真正做到脚踏实地 …………………… 124
2 深呼吸十次，恢复平常心 …………… 126
3 改变身边环境，梳理心态 …………… 128
4 感受朝阳和户外空气，调整心绪 …………… 130
5 专访自己，给自己正能量的激励 …………… 132
6 "卸下铠甲"，放松心情 …………………… 134
7 把不想做的事可视化 …………………… 136
8 模仿明星大声说话，积极过好每一天 …………… 138
9 养成赞美自己的习惯，摆脱自我厌恶 …………… 140
10 创建自我奖励清单，感受幸福 …………… 142
11 设定自我呵护日 …………………… 144
12 坚持对自己宣告自己想要的东西 …………… 146

13 建立主语是"我"的意识 …………………………… 148
14 通过指差确认，避免随波逐流 …………………… 150
15 与自己对话，活在当下 …………………………… 152
16 养成写好事的习惯，提高幸福感 ………………… 154
17 写感谢信，摆脱罪恶感 …………………………… 156
18 树立"这就是我"和"这也是我"的态度 ………… 158
19 通过对自己说"我很可爱"，消除所有的不愉快 …… 160
20 工作内容可视化，保持自己的节奏 ……………… 162
21 愉快地表达痛苦，让人际关系更加舒心 ………… 164
22 不要在意别人，防止过度察言观色 ……………… 166
23 养成"索取""请求"和"撒娇"的习惯 ………… 168
24 独自出行，提高自我意识 ………………………… 170
25 养成赞美伴侣的习惯 ……………………………… 172
26 了解家人的五种角色 ……………………………… 174
27 了解表达爱的多种方式 …………………………… 176
总结 …………………………………………………… 178

第五章 | 让自我肯定感成为生活的一部分

1 学会说"不" ……………………………………… 180
2 给别人拒绝的机会 ………………………………… 182
3 让感知力成为一种优势 …………………………… 184

4 拥有被讨厌的勇气 …………………………… 186
5 学做一个"无所谓"的人 …………………… 188
6 在人际交往中划清"边界" ………………… 190
7 深入研究自己为什么不喜欢 ………………… 192
8 不能过于迁就自己亲近的人 ………………… 196
9 优先考虑自己或优先考虑他人 ……………… 198
10 辞职信和离婚协议书的护身符 ……………… 200
11 与孩子保持适当的距离 ……………………… 202
12 父母先幸福起来,孩子才会幸福 …………… 204
13 克服每一个"问题" ………………………… 206
14 认可"小成长" ……………………………… 208
15 善于发现爱的多种形式 ……………………… 210
16 用爱的眼光正确解读自己的行为 …………… 212
17 加强人际互动 ………………………………… 214
总结 ……………………………………………… 216

第一章
自我肯定感的重要性

1 关注自我肯定感，挖掘自身不顺利的原因

近年来，我们常常通过媒体等渠道听到"自我肯定感"这个词，但你想过自己的自我肯定感是高还是低吗？

自我肯定感，指的是一个人对现在的自我价值或存在意义的认可。我们也可以将其阐述为"接纳真实的自我"或"对自己有信心"。既然这是自己对自己的评价，那么自我肯定感就与"大众评价如何"无关。此外，自我肯定感的特点在于，它有可能以某些事件为契机而提高或降低。

自我肯定感高的人是认可自身价值的人。因为对自己有信心，不过分在意他人的评价，所以他们可以清楚地向别人表达自己的意见。他们即使没有得到赞赏，也不会太自责，而是会积极思考，鼓励自己继续努力。

自我肯定感低的人是不认可自身价值的人。他们缺乏自信，总是在意周围人的脸色和他人对自己的看法。因为太在乎别人的看法，所以哪怕只是与人见面，他们也会备感心累。即

使只是略有不顺，他们也会陷入过度自责。

日本文化视谦卑为美德，人们也没有赞扬孩子与他人的习惯。近年来，由于互联网的渗透，人们越来越关注别人眼中的自己，在意他人的看法，导致对自身的肯定感越发低下。

在许多情况下，自我肯定感与每个人的生活状态有关，比如有一类人因在社会交往中感到疲劳和压力，拒绝接触他人，他们的自我肯定感就普遍较低。此外，还存在一类人，即使他们认为自己已经尽力去做了，但在工作、爱情和育儿等方面的进展还是不顺利。事实上，自我肯定感低往往就是这些人不顺利的根源。

为什么自己的人生总是不顺？为什么自己总是做不好？如果你也有这些或大或小的烦恼，请务必关注自我肯定感这一问题。

因为，导致有些事很难顺利完成的根源在于人们的自我肯定感偏低。

2 自我肯定感低的后果：困难的社会交往

自我肯定感低对一个人最明显的影响体现在社会交往上。你有过以下这些经历吗？

面对别人的请求，总是忍不住答应，优先考虑别人的需要；

很容易被别人的言语和反应影响，并因此而感到厌倦；

希望和某人成为朋友，但因为不知如何接近对方而犹豫；

自己的善意举动，并不会真正被别人欣赏；

SNS 的回帖很少时，会感觉别人不喜欢自己，并因此而感到沮丧；

很容易被自己不喜欢或不善应对的人搭讪，也很容易惹上"麻烦"。

更糟糕的是，自我肯定感低的人经历这些情况越多，就越不自信，甚至会质疑自己"为什么不能做得更好"，由此导致他们跟别人的沟通变得更加困难，很容易陷入社交的负面螺旋,如交不到朋友或在群体中被孤立等。

对自我肯定感低的人来说,已经渗透到日常生活中的SNS也可能会成为麻烦的来源。他们可能会对熟人和朋友的帖子过度关注,为没有人喜欢自己的帖子而感到沮丧,甚至可能因为不得不给熟人点赞而产生精神压力,以至于自己难以平静、愉快地使用SNS。

在邻里关系和妈妈圈社交等不可避免的社会交往中,自我肯定感低的人会面临更为棘手的处境。除了无法避免与别人见面外,他们还要担心自己的举动会影响孩子和家人,由此陷入无法自主表达意见或无法拒绝别人的困境。

自我肯定感低的人总是隐藏自己的感受,一直扮演老好人的角色。这样做的结果是,别人很难意识到深藏在他们心中的种种不快,不但把他们的顺从当作理所当然的事,还会试图与他们建立更加亲密的关系,这反而会促使自我肯定感低的人产生束缚感。

请结合自身情况判断,你的社交问题是否也与自我肯定感低有关?

自我肯定感低的人,处理人情世故时可能会感觉很困难。

3　自我肯定感低的后果：疲惫的工作状态

自我肯定感低会给人们的工作带来各种负担：

承担超出自身能力的工作，最终导致过度疲劳；

工作中遇到困难时，不敢找人帮忙；

被问及意见时，无法直截了当地表达自己的想法或建议；

被周围人都畏惧的上司或难缠的同事纠缠；

一旦犯错，即使微不足道，也很难消除内心的罪恶感。

自我肯定感低的人很在意别人的目光和看法，对他们来说，公司是一个让人紧张并深感压力的场所。他们因为无法拒绝别人的请求，很容易在工作中超负荷运转。然而，即使在这种情况下，他们也会因为害怕麻烦别人而不愿向他人寻求帮助。

在重要的场合中，自我肯定感低的人往往无法发挥自己的全部能力。每经历一次"失败"事件，他们的自我否定感便会进一步增强。他们对聚会完全不感兴趣，但因为无法拒绝此类邀请，所以常常感到身心疲惫，很难调整自我状态。

在许多情况下，自我肯定感低也是职权骚扰和性骚扰受害者共同存在的问题，近年来这已经成为明显的社会问题。"很难拒绝别人"恰恰助长了骚扰者的气焰，对自我肯定感低的人造成更大的伤害。

此外，自我肯定感低的人还有一个共同的特点，即无论工作环境多么艰难，都不愿意考虑换工作。他们认为，"别人在这种环境下都能做得很好，我一定也没问题"，或者"我自己实力欠佳，所以无论去哪家公司都一样"，等等。

自我肯定感低的人即便做了管理者，也会因自我肯定感低的问题而严重影响工作。自我肯定感低的人总是很焦虑，认为自己必须把工作做好，不想被别人看低。因此，作为领导的他们经常咄咄逼人，给下属施加压力。结果，他们不仅没有成功鼓舞下属士气、收获工作成果，在职场中还可能会被孤立。

综上所述，工作中的困难局面也可能是由自我肯定感低造成的。

工作中个人不良情绪的产生原因可能是自我肯定感低。

4 自我肯定感低的后果：不稳定的恋情

自我肯定感低有时还会对伴侣关系产生影响，比如：

无法开始新的恋情，总是沉浸在失恋的悲伤情绪中无法自拔；

即使遇见不错的对象，当两人距离太近时，仍然想要逃离；

即使已经确定恋爱关系，也会因为焦虑和怀疑而毁掉这段关系；

在选择面前很容易做出错误的判断，很难收获幸福；

害怕且无法坦然地接受别人的善意。

想要建立和谐的伴侣关系，就需要树立正确的态度，如坦率地表达自己的好感，向对方展示自己的优点；选择伴侣时，要选择能让自己幸福的人；当双方关系出现问题时，有能力面对并做出自己的选择。然而，想要拥有这样的态度，稳定的自我肯定感必不可少。

即使遇到不错的对象，自我肯定感低的人仍会奴颜婢膝或选择逃避，认为自己不值得被爱。即使与某人进入交往阶段，他们也会担心被其他人横刀夺爱，感受不到任何快乐和幸福。

自我肯定感低的人心中都有一种信念，即"我不可能被爱"。因此，对他们来说，不信任喜欢自己的人，怀疑对方在玩弄自己的情况并不少见。

面对关心自己的伴侣，自我肯定感低的人会提出各种不合理的要求来测试他们，而这一切都只是为了证明对方是否真的爱自己。

很多时候，恋爱本身往往是造成一些人自我肯定感变低的原因。有些人在失恋后失去了信心，导致在后来的恋爱关系中也难以收获幸福，就此陷入一个消极循环，自我肯定感也随之进一步下降。

另外，有一些过分在意他人评价的人，仅仅因为自己没有伴侣或未婚，就觉得自己一无是处。

如果你与真爱屡屡擦肩而过，至今未能找到可与自己共度余生的人，可能也是自我肯定感低所致。

自我肯定感低的人，很难拥有一段幸福的恋爱。

5 自我肯定感低的后果：不和谐的婚姻

婚姻和家庭问题与自我肯定感低有关的情况也并不少见：

跟伴侣关系不好，如观念有分歧等；

为伴侣付出太多；

不相信自己值得被爱，不相信爱情；

觉得自己很没用，并因此而感到无助；

与对方父母和亲戚的关系很紧张。

自我肯定感低的人，很难从周围人身上得到爱。由于"自己不值得被爱"的想法根深蒂固，因此，即使处在夫妻关系之中，当对方表达爱意时，自我肯定感低的人也很难感受到。如此一来，对方也感受不到爱与被爱的喜悦。久而久之，双方遇事便容易产生摩擦，他们或深感无助，或被自我厌恶感充斥，从而导致夫妻关系恶化。

自我肯定感低也很容易让人迷失自我，被对方支配。如果伴侣在工作方面遇到困难，自我肯定感低的人就会陷入压抑、悲观的情绪中，并且感到无力和愧疚，认为"自己无能"，而在对方感受到这种情绪后，他们又会产生罪恶感。在婚姻里，一旦出现这种情况，夫妻感情就很容易产生裂痕。

自我肯定感低的人在与伴侣父母的关系上也容易出现问题。即使双方已经成为亲属，也难以和谐相处。这很正常，因为每个人都有权选择让自己舒服的处事方式。但自我肯定感低的人会告诉自己"不喜欢对方父母是不好的""自己应该做一个让所有人都喜欢的人"，因此，他们会更加努力地让别人喜欢自己。然而，他们最后还是可能无法与伴侣的父母保持适当的距离，从而导致关系恶化。

如果能从自我肯定感的角度考虑问题，在解决婚姻问题的过程中，你也许会得到一些启示。

自我肯定感低可能是夫妻关系不和谐的原因。

6 自我肯定感低的后果：冲突不断的家庭

很多时候，自我肯定感低的原因可以追溯到儿时与父母的关系上。实际上，即使在成年之后，原生家庭中存在的问题导致子女自我肯定感低的情况也不少见：

父母过度干涉子女生活；

自己不能独立做决定或判断，总是听从父母的意见；

就算讨厌父母也无法减少与父母之间的牵绊；

感觉父母不爱自己，并嫉妒兄弟姐妹；

老是觉得有负担，但仍尽可能地回应父母的各种要求。

很多因原生家庭而深感苦恼的人，小时候都从父母与亲戚口中听到过这样的话："就不应该生你""一点都不可爱""如果是男孩（女孩）就更好了""都是因为你，我的人生才这么不顺利"……这些否定的话会在自我肯定感低的人心里留下深深的伤痕，使他们认识不到自身的价值。

母亲是对孩子影响最大的人，会极大地影响孩子的性格和沟通方式。一般来说，每个人都会在成长过程中逐渐抹去母亲赋予自己的"烙印"，建立自我认同，但是，自我肯定感低的人在心理上很难摆脱母亲的影响。

所以，自我肯定感低的人不管多大年纪，都特别在意母亲的看法，容易被母亲的情绪和意见左右。在面对升学、就业与选择伴侣时，他们会担心母亲反对自己的意见；要组建自己的家庭时，他们会更看重母亲的意见，而不是自己的想法……因此，在某种程度上，他们常常给自己的家庭带来麻烦。这些人中可能还有一部分人对自己的父母怀有愤怒和怨恨。

此外，自我肯定感低的孩子的父母，往往会表现出较强的控制欲，或对孩子过分依赖。即使孩子长大了，他们也无法和孩子保持适当的距离，而是常常过分干涉、经济依赖等，让孩子感到有负担。

综上所述，自我肯定感低与原生家庭密切相关。

和父母冲突不断也可能是由自我肯定感低导致的。

7 自我肯定感低的后果：令人焦虑的家庭教育

父母的自我肯定感低也会对育儿产生各种影响：

过度担忧孩子的前途，经常觉得自己应该成为更好的家长；

觉得自己不够爱孩子；

总是拿自己和其他家长做比较，感觉自己没有一件事做得比别人好；

就算抚养孩子很艰难，也不会依靠别人，而是一个人默默承担；

过度担心孩子，进而过度干涉孩子的生活。

孩子都喜欢模仿父母，所以父母的自我肯定感高低将直接影响孩子的自我肯定感高低。父母的自我肯定感低，在与其他父母做比较时就容易感到压抑，也会越来越缺乏自信，慢慢地，他们会认为"孩子的一切问题都是自己的错"，并试图控制孩子。面对这样的父母，孩子会越来越泄气，越来越习惯看父母的脸色行事，逐渐成为像父母一样自我肯定感低的人。

随着年龄增长，孩子可能会对父母的过度干预越来越不耐烦，从而变得更加叛逆，这是正常的。但对于自我肯定感低的父母来说，这只会让他们更加觉得自己"不称职"，对孩子的事更加敏感，从而让育儿这件事陷入恶性循环。

因为不安，有的孩子会选择不上学而蛰居在家。然而，自我肯定感低的父母无法看到孩子当下的痛楚，他们只会痛恨自己的不足，感慨"这样下去，孩子就毁了"。他们一味担心孩子的未来，却没办法好好守护孩子。

育儿与工作一样，每一位父母都需要找到适合自己和孩子的育儿方式。有些事情，有的父母能轻松做到，有的父母却做不到，这很正常。然而，很多父母意识不到这一点，他们要求自己做到"完美"，这会使孩子因为受到过多的约束而缺乏自信。

因此，要培养出能够正确认识自己且自我肯定感强的孩子，父母也必须具备高度的自我肯定感。

父母的自我肯定感低会影响孩子。

8 提高自我肯定感，让好事降临

对于前面介绍的因为自我肯定感低而遇到的烦恼，许多读者可能会感同身受。不过别担心，自我肯定感提高后，一些烦恼将会迎刃而解。

只要转变心态，从"反正我这样的人……""我不行"的自我否定，转变为"我就是这样的人"的正面肯定，我们就能按照自己的方式幸福地生活。

有很多人幸运地找到了自己的"毕生事业"。这里，请不要将"毕生事业"单纯地理解为工作，而要将其视为能够令人真正享受亲情、友情、爱好、健康等的生活方式。

提高自我肯定感有助于人们思考自己真正想要做什么，从而找到自己的"毕生事业"。

当一个人全神贯注地去扮演别人眼中的自己，希望能得到他人的好评时，真实的自我便会隐藏起来。只有当我们放弃做他人眼中的自己时，才能听到自己内心的声音，找到自己真正的心之所向。

发自内心地去做自己想做的事，你的人生将朝着好的方向发展。

另外，自我肯定感高的人更容易找到人生伴侣。如果一个人拥有很强的自我肯定感，他的视野就会变得开阔，喜欢的类型也会改变。人生伴侣是反映我们自身状态的一面镜子，所以适合自我肯定感高的人的伴侣一定是充满自信的人。两个自我肯定感高的人成为伴侣，互相照顾，彼此支持，二者组建的家庭的环境也会格外温暖。

因此，宽恕自己、认可自己、接纳自己，你就会找到自己真正想要的生活方式，触发幸福的连锁反应。想要找到自己的毕生事业，同时拥有自己的幸福人生，我们首先要充分认识并提高自己的自我肯定感。

有意识地提高自我肯定感，问题自会得到解决。

总 结

自我肯定感高
"做真实的自己也没关系！"

充分享受人生（毕生事业）
（⇨第五章）

解决

保持自我肯定感
（⇨第四章）

提高自我肯定感
（⇨第三章）

了解自我肯定感
（⇨第二章）

自我肯定感低
"我到底是谁"
"我不行"

① 人际关系问题　④ 婚姻问题
② 工作问题　　　⑤ 亲子关系问题
③ 恋爱问题　　　⑥ 育儿问题

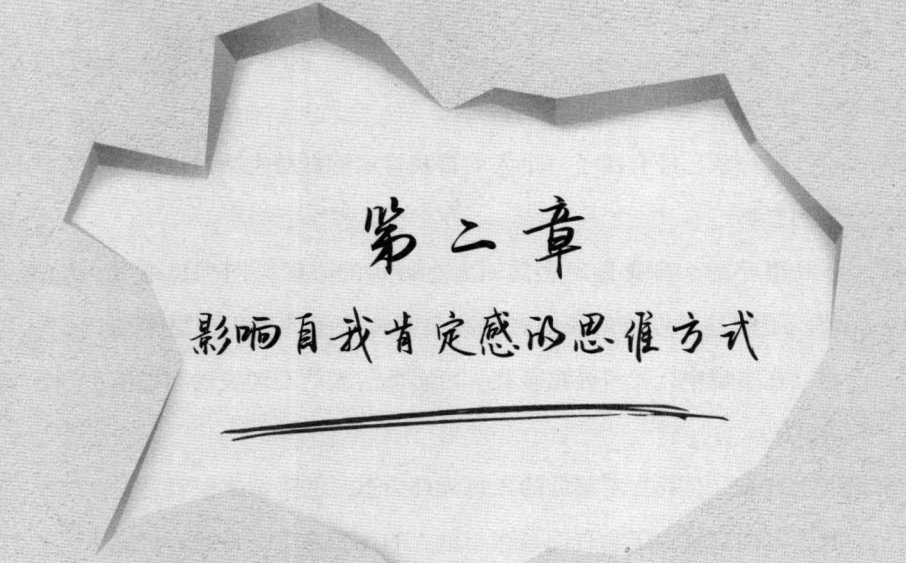

第二章
影响自我肯定感的思维方式

1 自我否定是自我肯定感低的表现

第一章已经介绍了一个人的自我肯定感低对生活造成的一系列影响。

事实上，自我肯定感低的人有特定的心理倾向和思维习惯。了解这一点将使我们在提高自我肯定感的过程中事半功倍。在本章中，我将介绍自我肯定感低的人的心理表现和思维方式。

首先，自我肯定感低的人每天都会重复的事情之一就是自我否定。自我否定总是隐藏在与他人的比较之中。自我肯定感低的人会在潜意识中将自己与他人进行比较，并沮丧地认为"与那个人相比，我……"，或责备自己"我不够好""我应该像那个人一样……"。

在现如今的信息化社会中，人们每天都在接触巨量的信息，会不自觉地与他人进行比较。人们从起床到睡前，会频繁浏览SNS上的帖子，有的人还会在浏览时不断地反省和责备自己。

如果在休息时间没有得到放松，白天的精神状态就会受到影响。如此一来，导致人们进行自我否定的因素会进一步增加。如果每天都在消极的状态中度过，我们只会越来越讨厌自己，自我肯定感也会降低。

为什么我们会萌生"我应该像那个人一样"的想法呢？

这与"必须……"和"应该……"的思维方式有关。

以工作为例。"我加入公司至今已有×年了，但一直未取得显著成绩（认为自己今年必须做出一些成绩）""虽然我已经做到了这个位置，但总是在失败（认为自己不应该失败）"。"平均"已成为当代人价值观的轴心，如果达不到所谓的平均标准，我们便会给自己"洗脑"，认为自己"一无是处"。

生活亦是如此。"身边的人都已经有孩子了，但我还没有找到结婚对象（认为自己应该尽快结婚）""虽然已经是成年人，但我在他人面前还是表现得非常情绪化（认为自己应该表现得冷静一些）"。如果没有达到"社会普遍认可"的标准，我们便会进行自我攻击。

思维习惯很难立即纠正，但请先尝试诚实地认识和感受真实的自己，如"啊，我现在正在进行自我否定……"。

你是不是也喜欢自我否定？

2 执着于"正确答案"

自我肯定感低的人往往都执着于寻找"正确答案"。比如：

"遇到这种情况，我该怎么办呢？"

"在那种情况下，我这么说话有错吗？"

这就是"正确答案主义"。越是觉得人际交往很辛苦的人，就越容易相信沟通中有一个"正确答案"，并努力地寻找它。

但沟通中存在无穷个"正确答案"。即使偶尔出现"错误"，在某些条件下它也可以是正确的，而之前的"正确答案"换一个情境就是错误的。

假设一个女孩换了个发型，她的男朋友却对此视而不见。女孩很恼火，并暗示道："你没有注意到我跟之前比有什么不同吗？"她的男朋友回答："哦，你的发型看起来和之前不太一样了！我觉得这个发型非常适合你，很好看。"这时女子却冷笑一声："够了，别说了！"

如果男孩在刚见面时就这么说，女孩也许会非常高兴。如果双方已经非常信任彼此，那么男孩一见面就故意弄乱女孩的发型，说："你烫的这个发型也太搞笑了吧！"女孩也可能会开玩笑说"你真是太讨厌了"，就此结束这一话题。但如果双方才刚刚确定恋爱关系，那么这些玩笑话就有可能深深地伤害到女孩。

也就是说，沟通要根据具体情况具体分析，正确答案取决于当时的情况和当事人之间的关系。

因此，对一些人来说，沟通可能是一件困难的事。许多人都有这样的感觉，这也是沟通类书籍在市面上比比皆是的原因。

如果是工作中有明确目标和目的的沟通，按照沟通类书籍中所介绍的方法去做，的确会有一定的效果。然而，这类书籍并不适用于指导在没有明确目标的前提下进行的私人谈话。

追求"正确答案"是没有意义的。当一个人的自我肯定感较高并且能够进行自我表达时，他将不会再被所谓的"正确答案"困扰，同时他的沟通问题也将大大减少。

你是否总是想要找到"正确答案"？

3 无法表达自身意见

自我肯定感低的人有一个特点,即无法表达自己的意见。

自我肯定感低的人特别在意别人的看法,例如:

"我很害怕别人说我无能。"

"我可能会因为说错话而被否定。"

"我的言论可能会给大家带来麻烦。"

因此,当有人提出"我想听听你的意见""你怎么看?""你想让我做什么?"时,自我肯定感低的人往往无法明确地回答。隐藏其后的心理状态是,他们害怕自己的言论导致失败、自己被嘲笑、自己被视为无用之人,或害怕因无法达到他人期望而令其感到失望、破坏气氛等。

工作中突然被要求发表意见时,自我肯定感低的人会拼命思考在这种情况下什么是"正确答案",他们的发言内容大多都是上司和客户希望听到的、不会让现场气氛变糟的话,却不是内心真实的主张。在演讲中,自我肯定感低的人容易因投向自己的众多目光而紧张，或者因突然被他人提问而无措，甚至会说不出话来。

在这种情况下，他们即使试图清晰地表达自己的见解，脑海中也会涌现出各种各样的想法。自我肯定感低的人常常想得太多，以至于只是去公司工作这件事都会令他们感到身心俱疲。

思考本身并不是坏事。作为社会中的一员，在工作中重要的是思考如何为公司、为组织创造最大利益。我们无法控制他人的感情和感受，如果站在"我该怎么做才不会让对方失望"的角度去寻找百分之百正确的答案，结果将永远不可预测。

假如你在事件陈述和表达自身观点方面有困难，那么从自我肯定感的角度来正视自己的恐惧和思维习惯，将会帮助你成功蜕变。

你是否会因为过度考虑他人的感受和场合而不敢表达自己的意见?

4 不清楚自己的喜好

自我肯定感低的人的另一个特征是不知道自己喜欢什么。由于总是因寻找"正确答案"而陷入思考，而且常常在自身之外寻找答案，自我肯定感低的人很容易忽略自己的感受。

即使在本应注重自我感受的恋爱关系中，有些人也不确定自己是否喜欢对方。他们之所以与对方恋爱，只是因为感受到了对方对自己表现出的好感。

此外，在社交活动中，也有很多人会因为依赖他人或团体而感到拘束，无法明白自己真正的感受。尽管如此，他们仍然会将这样的关系维持下去。他们随波逐流，盲目地听从他人的建议，只会在某一瞬间停下脚步自问："我到底在做什么？"

听到朋友结婚、转行、升职等消息时，你是否有过无法形容的心情？

突然把注意力转移到自己不太了解的"自我"时，人很容易产生不安全感，由此被空虚和不情愿的感觉侵袭。

如果问自我肯定感低的人"你这辈子想做什么？"或"你喜欢什么？"，他们往往会回答"我不知道""没什么特别的""我无所谓"等。难道他们天生就是这样吗？

自然不是。婴儿会根据自己的感受哭喊、活动，索要自己想要的东西。但在成长的过程中，有的人就不知不觉地迷失了自我，养成了迎合他人意见和看法的习惯，不再表达自己的感受，变得越来越不了解自己。

如果能摆脱这种习惯或桎梏，每个人都有机会做回自己。

吃想吃的东西、见想见的人、看喜欢的风景，如果能按照心中直涌而出的喜欢去行动，我们就能重拾人生的真实感和充实感。

这样说来，提高自我肯定感也是为了找回失去的自我。

你是否已经忘记了自己的喜好和愿望？

5 总是把错误归咎于自己

对自我肯定感产生重大影响的心理因素之一是罪恶感。

面对一件事情的失败，总觉得是自己的错，这就是一种典型的罪恶感。罪恶感会折磨一个人的内心，导致他的人生走向不幸。

除了试图隐藏自己的真实想法外，罪恶感还会让一个人背上各种沉重的包袱。我曾经接受过一个人的咨询，他工作很忙，但在得知自己后辈负责的项目出现了问题时，他会说"我有空，一定要帮忙"，并为此加班到深夜。好不容易到了周末，他还是坚持履行带孩子去游乐场的承诺，以及完成平日做不了的家务等。他常常反省自己："是因为我能力不足，所以才做不好。"并以此激励自己。但很显然，如果他无视内心"想要休息"的声音，继续勉强自己，身心的承受能力迟早会达到极限。

罪恶感很容易让人习惯于自我牺牲。容易产生罪恶感的人，往往认为真正应该获得幸福的是其他人，他们凡事都把自己放在次要的位置。事实上，如果那个主动帮助别人、坚守承诺的父亲在过度劳累之后倒下了，其后辈和家人也会内疚地认为"我应该找别人帮忙的""我没有注意到他一直在勉强自己"……如果我们出于罪恶感而背负了很多负担，最终也会让自己周围的人产生罪恶感。

在上文中，我提到过"自我肯定感低的人会一再自我否定"。"自我否定"心理的背后，怀有强烈罪恶感的情况并不少见。他们常常判定自己"应该受到惩罚"，甚至用委屈自己来执行对自己的判决。

说到底，人为什么会有罪恶感呢？

"磨难后发生的好事，会显得分外甘甜。"在这样的前提下，罪恶感就成了人生这场戏剧中必不可少的部分。因为有惩罚规则，体育比赛才能公平进行；正因为人生总有挫折，人们无法轻易获得幸福，人生才变得有趣。

每个人或多或少都心存一定的罪恶感，所以不必想着完全摆脱它，我们可以把罪恶感看作一种"慢性病"。即使拥有一定的罪恶感，人们也能获得幸福。所以我建议每个人都应该寻找一种能够与罪恶感和谐相处的模式。

自我肯定感低可能是罪恶感所致。

6 看到自己的罪恶感

罪恶感有多种形式，它常常存在于人们的潜意识深处，让人在不自知的情况下惩罚自己。比如：

始终觉得自己不配得到幸福；

觉得自己的举动伤害了对自己很重要的人；

想要远离对自己而言很重要的事物；

和喜欢的人近距离接触时会感到害怕，很想逃离；

觉得自己不够纯粹；

觉得自己是个讨厌鬼；

恐惧幸福，不相信幸福会降临到自己身上；

缺乏被爱的感觉；

无法接受别人的爱；

不擅长寻求帮助；

认为自己做主就是给别人添麻烦；

事情出错时，觉得自己是罪魁祸首；

总觉得自己不好，会对其他人造成负面影响；

当事情看起来很顺利时，想破坏眼前的一切；

心中有摧毁自己的欲望；

认为不能把自己放在第一位。

如果你的内心总是容易产生以上想法，很可能是你潜意识中的罪恶感在作祟。罪恶感往往是多种因素累积后形成的，非常容易让人将自己囚于内心的"牢狱"之中。

若我们想要拥有更高的自我肯定感，成为一个幸福的人，首先应该非常清楚地认识到，罪恶感存在于我们自己的心中。

束缚你的是罪恶感吗？

7 罪恶感的类型

为了发现并认清自己内心的罪恶感,我们需要了解罪恶感的类型。在这里,我将介绍一下罪恶感的七大类型。

类型一:伤害他人

这是人们最容易理解的罪恶感,即自己的言行伤害了他人的内心。对这些人来说,请求他人帮助、给别人添麻烦等也会让他们心生罪恶感。

类型二:帮不上忙,没能发挥作用

当一个人不想给他人造成麻烦,希望尽力帮助或拯救他人却力不从心时,便会产生罪恶感。令这类人产生罪恶感的对象有可能是父母、孩子、伴侣、同事等。其中,有些人还会将家庭活动的不顺利完全归咎于自己,认为自己的参与是不顺利的根源。

类型三：什么都没做，抛弃他人的罪恶感

这是因为没有做任何事情而产生的罪恶感。例如：在应该帮助他人时没有给予协助，或在意识到对方需要帮助时没有及时伸出援手等，事后由于没有受到指责而产生强烈的自责，并且悔不当初，认为当时自己应该做点什么。

类型四：因自己得天独厚的优势而产生的罪恶感

这是人们因无法接受自己在长相、出身、学历等方面独具优势而产生的罪恶感。他们"怕被人嫉妒"，往往举止低调，会主动提出负面话题，还会不自觉地选择糟糕的伴侣。

类型五：认为自己不好的罪恶感

这种罪恶感由多种罪恶感积累而成，虽然很难被察觉，但有这种罪恶感的人即使对幸福充满美好的愿景，也常常难以实现。

对他们来说，就算发生了让人感到幸福的事情，他们也无法坦然接受，甚至会认为"没有我，结果会更好""如果大家知道了我的真面目，一定会离我而去"。有时他们还会产生极端的想法，比如，让自己消失。

类型六：替父母或伴侣承担的罪恶感

有的人为了心爱之人能感觉良好，会主动共情及背负起另一方的罪恶感。

看到伴侣产生罪恶感并为此感到苦恼时，他们会为了让对方得到些许放松而主动说："不，不是你的问题，是我的错，是我不好。"长此以往，他们就会因过度共情而感到疲惫。

就亲子关系而言，孩子在成长过程中，会不自觉地复制自己所熟悉的父母的行为和思维模式。如果父母出于罪恶感而常常委屈自己，那么孩子也会无意识地模仿。

类型七：其他罪恶感

基于宗教或家庭价值观等产生的罪恶感。

例如，如果在重视安稳的家庭中长大，那么像创业这样存在风险的事情，可能会让人觉得是一种罪恶。

上述的七种罪恶感，有一些很容易识别，但人生中的大多数问题都是由难以识别的潜意识中的罪恶感引起的。如果你感觉自己的人生不顺利，或正在面对无法摆脱的艰难处境，抑或认为自己无法收获爱情和友谊，请务必仔细阅读以上内容。

强烈的罪恶感会让人把自己当成"瘟神"，唯恐自己给别人造成麻烦。

但事实是,在这个世界上,最不能原谅你的人只有你自己。没有人会比你更加严格地惩罚和攻击你自己。希望你认识到这一事实,学会原谅自己,这对于提高自我肯定感很有帮助。

让你痛苦的根本原因,是否隐藏在上述七种罪恶感中呢?

8 总喜欢以他人为轴心

　　自我肯定感低会导致人们在生活中以他人为轴心。他们会将"别人怎么看待自己"作为自己的行为准则，在这种前提下，他们的言行会受到限制，甚至失去表达自我的勇气。因为效仿周围人的想法和价值观，他们的视野会变得狭窄，不能全面且客观地认知事物。

　　高敏感、特别在意别人感受的人往往更容易以他人为轴心，因为他们能敏锐地觉察到周围人的感受。但每个人的价值观和想法不同，他们努力地与他人建立联系，却很容易被他人的价值观左右，并因此而筋疲力尽。以他人为轴心，就意味着要去适应各种不确定性，因此他们常常会感到焦虑不安。

　　以他人为轴心的人，即使面对与自己相关的事件，也会从其他角度去考虑。他们习惯站在另一半、父母、公司、社会等立场上考虑事情，并将自己置于受害者的位置。选择这种以他人为轴心的生活方式的人，主动将自己人生的主角让给了别人。

以他人为轴心的人主要可以分为以下三种类型：

不能对他人说"不"的"有心人"。他们往往唯唯诺诺，害怕被别人拒绝，也不敢对别人说"不"。

不能肯定自己的"空心人"。他们可以勇敢地对别人说"不"，但很难自信地发表具有建设性的言论。

随波逐流的"大众人"。他们总是无法准确地表达自己的想法。

以他人为轴心的根源大多是原生家庭中不健康的亲子关系，具体来说，有以下三点：

看着情绪化的父母的脸色长大，孩子很容易成为"有心人"；

父母过度干涉孩子，总是下达指示和命令，使孩子很难有自己的想法，这样的孩子往往会成为"空心人"；

父母情绪化且对孩子过度干涉，孩子容易随波逐流，在追逐中寻找安慰，成为"大众人"。

有的人有多个"面孔"，比如在工作中无法拒绝他人、在家里无法肯定自我等。但随着时间推移，他们终有一天会厌倦总是被周围人牵着鼻子走的生活方式。

你会被别人的想法影响吗？

9 对人际关系有一种疲惫感

要想建立良好的人际关系,就要学会在自己与他人之间划出清晰的界限。

事实上,生活中以他人为轴心,与他人缺少适当的距离感的情况并不少见。在不经意间过分接近或过度疏远他人,都是内心边界混乱的体现。

凡事以他人为轴心,就会害怕自己在反驳他人或与他人划清界限时会被人讨厌,所以面对不同的意见与情感要求时,以他人为轴心的人不会说:"原来你是这样想的,既然我们不能统一意见,那就没办法了。"反之,为了避免因被对方拒绝而受到伤害,或者试图通过让对方有好心情来收场,他们可能会接受对方的要求,但之后他们又有可能会为了保护自己而突然与对方断绝联系。

人际关系越不健康,人越不能随心所欲地做决定。在这种情况下,自我肯定感会越来越低,由此导致自己过度在意周围环境，生活在恐惧中，周而复始，陷入恶性循环。

另外，以他人为轴心的人更有可能为了他人而牺牲自我。

因为害怕被人讨厌、不想惹麻烦，所以以他人为轴心的人经常会扮演一些没有人愿意承担的角色，渐渐地被周围的人当成"好人"或"工具人"，而他们会把这种回应当成"回报"。长此以往，他们会变得越来越以他人为轴心。

许多习惯自我牺牲的人都因上述行事方式而有过"成功经验"。正是因为自己有过用忍受换来回报的经历，他们才更加放不下这种处世态度，比如，"正因为我迎合了周围的人，所以才成功融入了集体""正因为我满足了对方的需求，所以才得到了喜爱"等。这种态度一旦成为习惯，人的感受就会被麻痹，甚至意识不到自己是在进行自我牺牲。

但是，自我牺牲会积攒很多压力，压力一旦累积到一定程度，就一定会爆发。这种爆发要么向内，要么向外。这不是在酒桌上发牢骚那么简单，甚至可能会让人以一种意想不到的方式把真实的自己暴露得一览无余，造成难以挽回的结果。所以在那之前，要知道自我牺牲并不是一种美德。

你愿意为了迎合别人而牺牲自己吗？

10 善于感知的人更容易有人际关系压力

许多自我肯定感低的人都善于感知他人的情绪。

自我肯定感低的人总是能察觉到他人细微的情绪变化，由于"不想让他人生气""不想被人讨厌"的感觉异常强烈，他们就养成了主动感知他人情绪的习惯。

但处理人际关系没有固定的规则。无论我们多么为他人考虑并共情他们的感受、支持他们的行为，人际关系都未必总能朝着正确的方向发展。

一个人想得越多，就越容易未雨绸缪地思虑，陷入"想得多，想不明白，无从下手"的状态，结果往往是让别人不开心。

处理人际关系有一种平衡法则。

一个独断专行的领导身边，总是有很多唯命是从的人，而一个笨拙的人身边往往都有一个和蔼可亲的伴侣。有些人的人际关系看起来很奇怪，却总是能保持平衡。

根据这条法则可以推断，善于感知他人情绪的人身边，大多是一些"漠然置之之人"。

很多人跟我说，"自己付出了很多，但是伴侣却没感觉到""自己在工作中总是体贴地照顾他人，但没有人欣赏"……这恰好印证了我的上述推断。

漠然置之之人的洞察力不强，性格也不够细致周全，他们根本意识不到他人的行为也许是出于关心。

习惯去关心他人的人，内心深处都有一种期待，即"我这么为他考虑，他应该也能像我理解他一样理解我"。这是一种投射效应。人们在日常生活中常常会不自觉地以自己的心思推度别人的心思，推己及人，认为自己怎么想，别人也一定会有跟自己一样的想法。

然而，在现实中，情况并非如此，他人很少会按照我们的想法行事。因此，善于感知的人宛如唱独角戏或遭遇背叛一般，更容易感到沮丧、抑郁和不满，从而导致他们在处理人际关系时备感压力。

即使擅长感知他人情绪，往往也得不到他人同等的回报。

11 善于感知的人往往会以他人为先

感知力强的人在生活中更容易以他人为先。

"我要帮前辈写完这份文件""我要尽己所能支持忙碌的男朋友""家人有困难，所以我必须做家务"……即使没有被要求这样去做，善于揣摩他人心思的人也会优先考虑他人的感受与需求，事事以他人为先。

从另外的角度来看，这些人也是善良温和的人，或者说他们是和平主义者。你可能会问："那有什么问题吗？"

问题在于，他们做任何事时都会把别人的感受放在第一位，忽视和压抑自己的感受。如果一个人的行事标准不是"自己想做什么"，而是为了"不被讨厌""不扰乱气氛""不让人不舒服""不打扰人"，那就会迷失自我。

感知力强的人大多很敏感，他们每天都会从周围人那里接收大量的信息，因此很容易被周围人的言行和情绪左右，忽视自己。

如果一个人总是为他人着想、心怀善意，最终却总是被其他人牵着鼻子走，那么这个人的人际关系绝对不健康。处于这样的关系中，个人不仅将承受巨大压力，还会因为自己无力改变现状而感到沮丧，自我肯定感也会越来越低。

请不要对上面的内容产生误会，"善于感知"即能够察觉到他人的感受和需求，并正确解读气氛，这本身并不是一件坏事。如果一个人能很好地发挥这种能力，同时尊重自己的感受，那么他在人际交往中将会有很大的优势。

然而，如果因过度感知他人感受而忽视了自己内心的声音，不断受到周围人的影响，它就会成为你的一项弱点，对你产生负面影响。

善于感知是好事，但也有消极影响。

12 不能给予他人爱和快乐

以他人为轴心的人，很难做到心有余力地给予。这里的"给予"是指做让别人开心的事，且自己也能从中感受到快乐。

举例来说，当要给他人送礼物时，很多人都会绞尽脑汁地思考对方喜欢什么，几经思索后再选择商品，然后经过精美包装，把握时机送给对方。

在这种情况下，送礼物的一方都会有一个潜在的愿望，就是取悦对方，并期望对方会被取悦。就算对方不喜欢，只要他欣然接受并安慰送礼人"这份礼物很好，只是有点遗憾不是我最想要的东西"，也不会有什么问题。

然而，以他人为轴心的人会过分在意对方的反应。如果对方没有像自己预期的那样做出反应，就很容易产生失落情绪，内心想着"真希望你能表现得高兴一点"。如果对方没有表现出他们期待的喜悦，他们会觉得自己选择的礼物很失败，还会因为自己没有选择更好的东西而后悔、自责。如此一来，送礼物对于他们来说很可能成为一次痛苦的经历。

自我肯定感低的人往往认为不送礼就会被讨厌，或者出于一种"义务感"而送礼，希望通过送他人礼物来得到对方的肯定。但他们越是以他人为轴心，就越想得到恩惠和快乐等"回报"。

如果送礼物的人因"送礼物"的过程而兴奋，并且享受这个行为本身，那么对方的反应便是次要的，不必太在意。

换句话说，要想在真正意义上给予他人爱和快乐，必须满足以下两个条件：

想象做什么会让他人高兴，并采取行动使之变为现实；

无论他人的反应如何，自己都能通过行为本身获得快乐。

同时，这需要极其强大的支撑：以自我为轴心的态度——自我肯定感。

你能在自己快乐的同时给予他人快乐吗？

13 为了寻求奖励而进行"交易"

"我送给你礼物，你应该感到高兴。"这种强加于人的做法实际上是一种"交易"。这与上一节介绍的"给予"完全相反。

要明白，如果送礼的目的不是出于自身的喜悦，而是想让自己得到特殊对待，想让别人喜欢自己，或者避免让他人讨厌自己，这就是"交易"。

你有过因为送礼后没有得到预期的反馈而感到沮丧的经历吗？如果有，那么"沮丧"可能就是你进行"交易"的证据。

也许，站在收礼人的角度会更容易理解。比如，收礼人其实很开心，但无法如实表达喜悦。或许在几个月过去之后，收礼人才会意识到礼物的意义并萌发感激之情。

如果我们真的希望通过送礼物来让对方开心，那么事情的关键在于要认可自己的行为，并告诉自己"即使对方没有明显地展现出高兴的表情，我努力取悦对方的这份情感仍然具有价值"。同时，我们可以从这次看似不成功的经历中，了解到"也许他不喜欢这种东西"等事实，为下一次行动打下基础。

有的人最初纯粹是为他人着想而行动，但后来逐渐转变为"想让对方开心才这么做，并且希望对方能接受"。现实中，如果一个人总是体贴他人并保持善良，但他人从来没有意识到这些行为，那么原本善良不计回报的人也会对其他人感到不满，渐渐地不再信任他人。对于其他人来说，如果自己关心他人，却无法从对方的回应中收获快乐，他们就会选择放弃。然而，以他人为轴心的人却没办法主动做出这种选择，这样就导致他们不断地把人际关系当成"交易"，跟他人的关系也会变得越发紧张。

如果行动不是出于真心实意，那么无论是物质表达还是体贴关怀，都没必要强迫自己去付出。

你是否在为自己的"给予"寻求回报，从而进行一场"交易"？

14 不要做以孩子为轴心的父母

如前文所述，自我肯定感低的人往往会以他人为轴心，而在他们成为父母后，这个轴心就变成了孩子。

可以说，以孩子为中心的父母通常是无私地关心孩子的好父母。然而，如果父母将精力过度地集中在孩子身上，甚至将孩子的事情当作自己的事情对待，就可能会失去自我。这样做的结果是，他们开始控制孩子，并认为自己必须对孩子的每个举动做出反应。

但孩子并不会完全按照父母的意愿行事，父母的过度保护和过度干涉只会伤害亲子关系。这种现象在母亲与子女之间尤其常见，其中亲子边界模糊的情况有时被称为依恋或依赖。

父母的控制欲越强，孩子就越容易因为自己"伤害"了父母而感到内疚。当父母不尊重孩子的个性和意愿时，孩子会觉得自己的人格遭到了否定，变得越来越缺乏自信。

如果父母用强迫代替倾听，孩子会觉得自己的生活遭到了侵犯，缺乏安全感，逐渐封闭自己。长此以往，可能会导致孩子选择蛰居在家，做出出格的行为。而父母会因此而进一步强行干预，最终使亲子关系陷入恶性循环。

确实，自我肯定感低且总是关注孩子缺点的父母，容易注意到并频繁指出孩子的缺点。这种否定会进一步降低孩子的自我肯定感。父母作为孩子最好的榜样，如果他们本身有不良习惯，会让孩子从小就被影响，并在成长过程中沿袭下去。

父母的自我肯定感会直接影响孩子的自我肯定感。当你在育儿过程中遇到问题时，不妨先把孩子放在一边，把注意力放到自己身上，努力提高自己的自我肯定感。通过这种方式，与孩子明确界限，尊重孩子，观察孩子的变化。

你是否会试图按照自己的意愿控制孩子?

15 提高自我肯定感的必要条件

以他人为轴心的另一面是以自我为轴心。

以自我为轴心是提高自我肯定感的必要条件,它与自我肯定感相辅相成。如果一个人确立了以自我为轴心的生活方式,就能和他人平等沟通,与他人实现共赢。

以自我为轴心的好处可以概括为以下几点。

首先,不在意别人对自己的看法。

以自我为轴心可以帮助我们积极思考,并告诉自己"我想这样做,因此才会去做",而不是根据他人的反应来决定自己的行动。这样能够让我们在"做自己"的过程中收获快乐,更容易发挥自己的能力,而不受外界影响。

其次,了解情况,不一味地优先他人。

以自我为轴心能够帮助我们认清客观情况,拒绝不合理的请求,主动选择优先自己或他人,从而得到精神上的解脱和自由。

最后，发现他人的优点。

以自我为轴心能让我们拥有更广阔的思维空间，发现别人以前从未被察觉的优点和魅力。

生活中以自我为轴心，意味着按照自己的方式生活，不再被其他人、周围环境左右。这样的人可以自己决定是否将事件当作"问题"，即使受到其他人与环境的影响，他们也能坚定地从问题或烦恼中解脱出来。

即使遇到问题，以自我为轴心的人也会把它看作一个成长的过程，通过克服问题创造更具个性的人生，并最终把它变成一种积极的经验。可以说，以自我为轴心的人，就是能够创造性地解决问题的人。

从以他人为轴心转变为以自我为轴心，就会活得轻松自在。

16 获得真正的安全感

自我肯定感低的人经常会感到焦虑。

无论身在何处，自我肯定感低的人都会时刻关心他人和周围的环境，所以很容易不安。

你是否有过这样的想法："大家都接受我，我才会产生安全感……"当然，如果真的置身于这样的环境中，焦虑感的确会在一定程度上得到缓解。但安全感并非来自他人。因此，上述想法只有一半正确。

假如你独自前往一个治安环境较差的国家旅行，在飞机上，你遇到了一个好心的旅客，对方似乎很了解当地的情况，所以你就会放心地跟这个人结伴而行。可那个人在到达目的地后，态度发生了一百八十度的转变，这时你会怎么办？相信在这种情况下，任何人都会缺乏安全感，变得焦虑不安。

从别人身上索取安全感，是我们以他人为轴心的证明。把自己的安全感寄托在他人身上，我们可能永远都会深陷于不安的情绪，因为他人带给我们的安全感随时可能会消失，这样我们永远都不会拥有真正的安全感。

要得到百分之百的安全感，关键是以自我为轴心。

以自我为轴心的人会站在自己的立场去考虑问题，所以能够在自己和他人之间划清界限，并且清楚地认识到什么事可以商量，什么事不能退让。

正如上文中的例子，如果是有自我保护意识的旅行者，当他们察觉到对方的态度发生转变时，就会立即决定"不再与对方结伴而行"，不会把自己的安全交由他人掌控。因为有以自我为轴心的意识，所以他们能够在人际互动中更好地关注和照顾自己的感受。

即使对方抱怨，他们也不会因此而受到伤害，反而会因为保护了自己而萌生自我肯定感。既然自己是自己的绝对盟友，就不会对他人的行为产生不必要的担忧，也不会再疲于应酬，反而能以更积极的方式与他人交往。这样一来，每个人都能在健康的交流中体会到乐趣。

要想获得真正的安全感，生活中以自我为轴心是必不可少的。

确立以自我为轴心的生活方式，消除无端的焦虑。

17 让感知能力发挥积极作用

如果以自我为轴心，我们就能拥有更多主动性，在生活中自主选择是否关心某人、某事或某物，并积极地利用感知他人情绪的能力。

以自我为轴心的人可能会在某一情境下判断"我最好察言观色"并努力迎合他人，而在另一情境下则决定"虽然可以理解对方的感受，但我现在不想那样做，所以决定放弃"。

以自我为轴心的人会把关心他人当作一种给予，因此不会有负担感。也就是说，他们在做某事时首先考虑的是"做这件事能让我感到愉快"，而不是优先考虑他人的感受与需求。即使他人的反应没有达到自己的预期，自己没有得到预期的回报，他们也会欣然接受现实。在"我想做，因此才会去做"的积极心态的引领下，以自我为轴心的人做事从不拖沓。

而以他人为轴心的人认为"注意和跟进细节是自己的职责所在"，然而他们总把关注的重点放在错误的事情上。

如果你把自己的感受放在第一位,你就会意识到,周围的人都很关心、照顾自己。

因此,以自我为轴心的人更容易发现周围人的优点和魅力,也能对他人和周围的环境充分信任,所以心情也会很舒畅。

如果能根据自己的心态和当下的情况选择是否"给予"他人关心,我们就会越来越自由。如果能基于自己的心意自愿照顾他人,那么敏锐感知他人情绪就会变成我们的强项。

如果自我肯定感很高,且能做到以自我为轴心,那么感知他人情绪的能力将成为你的一大魅力。

要不要迎合他人,自己决定就可以。

18 衡量与他人之间最为恰当的距离

有较高的自我肯定感，同时能够坚定地以自我为轴心，我们就能够更好地把握人与人之间的距离感。

要想建立舒适的社交距离，不但要具备感知他人情绪的能力，还要学会感知自己的情绪。

一方面，一个人想与他人更亲近，如果他不知道对方在距离感上的底线，就很容易因过分接近对方而让对方感到不舒服；另一方面，如果一个人过分在意他人的眼光，在遇到问题时便会拿捏不了分寸，自然也无法掌握恰当的社交距离。

恰当的社交距离是指在与他人交往时，既不过于亲近也不过于疏远的距离。在与他人互动时，我们可以通过感受自己的情绪以及观察对方的反应和态度，来掌握合适的社交距离。如果对方表现出明显的不舒服或情绪低落，就可能意味着彼此之间的距离太近或太远了。因此，在这种情况下应该与对方保持一定的距离。

你或许会因他人主动与你保持距离的情况而深受打击，但如果能养成以自我为轴心的生活习惯，你就会明白，对方这么做并非在否定你，只是在交往过程中没有掌握好时机和方法。这样想后，你便会主动思考，比如"在他准备好前，我应该与他保持这样的距离感""我应该展现出值得对方信赖的态度""我应该去找其他人"等。

有时，令我们感到舒适的社交距离对他人来说可能太远。如果我们意识到这一点后，强迫自己接近对方，就会让自己感到不舒服。在这种情况下，我们可以坦诚地告知对方，自己还没有准备好，请对方理解。

找到舒适的社交距离有时也需要一些时间。以他人为轴心时，我们只会自问"他讨厌我吗？""他的动机是什么？"等。有时候，我们会因他人而焦虑不安，甚至想控制他人，给他们施加压力。

以自我为中心，我们能够给自己一些冷静的时间，可以更好地把握人际关系中的距离感，并在其中找到平衡点。

与他人的相互理解建立在你的自我肯定感之上。

19 建立相互依存的人际关系

自我肯定感高且能以自我为轴心时,我们就可以自由、主动地选择迎合他人,或者尊重自己的内心意愿。

但是,有些人可能会觉得自己无法把握迎合他人或尊重自己意愿的尺度。以下是三种基本的沟通模式,可以帮助我们加深理解。

第一,完全以他人为轴心(依存模式)。

希望某人做某事。事情进展得是否顺利完全取决于他人,而且内心有很重的恐惧感和焦虑感,如担心他人会抛弃自己,总想让别人替自己承担所有。

第二,看上去是以自我为轴心,但实际却是以他人为轴心(独立模式)。

为了摆脱依存状态下的痛苦,坚定"不依赖任何人"的意志,什么事都自己做。在极端情况下,处于这种状态的人会觉得要求他人帮助自己是极度丢脸的行为,所以他们会营造出与他人竞争的状态，拘泥于胜负对错。其实他们一直无法和他人划清界限，总是被人牵着鼻子走。

第三，理想的人际关系（相互依存模式）。

这是一种平衡状态，即"做自己力所能及的事，自己做不到的事交由他人去做"。这就确立了以自我为轴心的生活方式，能实现与他人相互依存，也能帮助我们与他人建立良好的沟通。

树立强烈的自我意识，有助于与他人建立积极的社交关系。从依存到独立，再到最终建立相互依存的人际关系，是提高自我肯定感之后能够实现的目标。

平衡与他人之间的关系。

20 以自我为轴心，真正去解决问题

以他人为轴心的人在遇到问题时，常常会把责任推给他人，把解决问题的希望寄托在他人身上。

假如一个以他人为轴心的人遭到伴侣的背叛，尽管他很想挽回婚姻，也很难从自身的角度理性地解决矛盾，修复婚姻关系，而是会说："这件事百分之百是你的错。"即使伴侣日后改过自新，他依旧会怀疑伴侣会再次出轨。这种情况下，二人挽回婚姻的概率也不高。

以自我为轴心的人面对同样的情况，会冷静地接受"自己的婚姻出现了问题"这一事实，并思考如何正确地解决问题。

在心理辅导工作中，我常会强调"所有问题都是利弊各半，人与人是平等的，每个人都要面对问题的发生并承担同等的责任"。然而，请注意，承担责任并不意味着有了责怪自己的理由。

出于罪恶感而责备自己和以自我为轴心的自我意识是完全

不同的。即使自己是问题的根源，我们也应该明白，沉浸在罪恶感中不能解决任何问题。我们应该承认自己的错误，在这之后与其责备自己，还不如用心寻找解决问题的方法。这便是以自我为轴心面对问题的态度。换句话说，我们要学会把"恨其罪，不恨其人"运用到自己身上。

罪恶感会潜移默化地诱导人们责怪自己。如果我们能做到不因罪恶感而自责，而是积极地看待问题，把问题视作自己所面临的一个挑战，让自己成长，让人际关系更加和谐，那么，所有问题都是可以解决的。

提高自我意识，而不是加强罪恶感。

21 "这就是现在的我",化解自己的罪恶感

化解自己的罪恶感与提高自我肯定感密切相关。

人在内疚时,会不断地用伤人的话轰炸自己。如果别人犯了错误,我们可以原谅,但如果犯错的人是自己,我们就会不停地自责,说"我真的很无能"!

停止使用这些自我伤害的词语,其实就是在放过自己。

然而,要立即摆脱一个沿袭了很多年的习惯是非常困难的。如果一个人在尝试与自己和解的过程中陷入误区,就会找到新的自我否定的思维方式,比如"我不想再责备自己了,但我做不到,我真是一个废人"。

在这种情况下,我希望你能对自己说一句:"这就是现在的我。"

当感到内疚想责备自己时,我们可以说"这就是现在的我,所以没办法",并接受当下的自己。如果无法富有感情地说出这句话,也没有关系。即使只是在心里喃喃自语,我们也

能慢慢说服自己。因为坦诚地说出"这就是现在的我"是自我肯定的象征。接受自己本来的样子，我们就能熟练地驾驭自己的情绪。

自我肯定感低的人，内心一直有各种负面暗示，比如"我应该这样做，但我做不到"等。因此，他们很难控制好自己的情绪。

罪恶感往往会巧妙地潜入人们矛盾的内心世界，并创建出一套责备自己的程序，促使人们不断陷入自责的旋涡。

事情一旦没有按照自己的预期发展，自我肯定感低的人便会劝说自己"情绪不稳定是不好的，应该控制好自己的情绪"。

然而，在意识层面上，情绪是不容易控制的。与其试图阻止，不如让自己像冲浪者一样很好地驾驭它。如果能建立较高的自我肯定感，并学会与自己和解，告诉自己"这就是现在的我""这样的我也没有问题"，我们一定也能够在情绪的海洋中自由冲浪。

不要强行压抑罪恶感等情绪，好好地与之相处。

22 掌握表扬的方法

在前文中,我曾介绍过父母的自我肯定感在育儿中的重要性。可能有些人已经在育儿方面遇到了问题,急切地想知道如何帮助孩子提高自我肯定感。

从教育理论上看,人们对于育儿有很多不同的意见,但从提高孩子的自我肯定感的角度来看,表扬是非常重要的。

表扬意味着认可孩子的"现在"。

为此,我建议:

对孩子的努力进行表扬,但不要过分在乎结果;

具体地表扬孩子的行为;

以平等的视角和孩子沟通;

发现孩子的优点并具体表扬。

然而,要注意的是,如果表扬的话语是"表扬你是为了让你……"等含有其他动机的句式,或是"如果你……我就会表扬你"等含有交换条件的句式,那么表扬给孩子带来的便是压力,而非赞许。如果采用以上表扬方法,会让孩子的价值观产生混乱,孩子不仅会习惯性地看家长的脸色行事,还很容易产生"为了得到表扬,即使让自己为难也要去做"的错误观念。

我建议,家长在表扬孩子之前,先确认自己是真的想让孩子知道他自己很优秀,还是希望把表扬作为一种让孩子完成某事的交换条件。

家长如果有否定孩子的习惯,应该试着专心倾听孩子的心声,并认可孩子的想法。比如通过对孩子说"你的做法很好,不过你再想一下,如果按照我的建议去做,会不会更好"等话语纠正他们的错误。

此外,不时地对孩子说"谢谢"也非常有用。无论结果如何,重要的是要对孩子的积极行为本身表示认可。

感恩孩子的存在也很重要,例如,对孩子说"谢谢你来到我的生命中"。"只要存在,就有价值"的观念与自我肯定感直接相关。

接受孩子的"现在",不予否认。

总 结

```
罪恶感
"我不够好"          →    治愈自己的情绪
"我不配得到幸福"           原谅自己
    ↓                      │
自我肯定感           →    自我肯定感
低的状态                  高的状态
    │
    ├─ · 自我否定
    │  · 执着于"正确答案"
    │  · 无法表达自己真实的意见
    │  · 不清楚自己喜欢什么
    │
    │         善于感知
    │    消极         积极
    ↓
生活中以他人为轴心   →   生活中以自我为轴心
    │
    ├─ · 因人际关系而感到疲惫
       · 无法给予他人爱和快乐
       · 把孩子逼入绝境
```

第三章
提高自我肯定感的方法

1 走向自我肯定的第一步：专注于自己

从本节开始，我将介绍一些能够提高自我肯定感的方法。

提高自我肯定感的第一步是要有自我意识。

正如第二章所介绍的，自我肯定感低的人在生活中经常以他人为轴心，总是优先考虑他人的感受与需求。当他们被告知要以自己为轴心、按照自己的方式生活时，他们却不知道自己的真实意愿是什么。

没关系。我们只要看一看现在的自己，告诉自己"这就是我现在的状态"就足够了。"明天我将开始过自己的生活，不再被别人牵着鼻子走！"这种令人热血沸腾的宣言完全没有必要。

请参考之前的内容，诚实地感受自己的内心。这时你也许会发现，自己可能一直在以他人为轴心思考问题。

如果不知道如何专注于自己，请尝试思考以下问题的答案。这将有助于我们认清自我，并且更加客观地看待自己。

问题一：你在面对"你想要怎样？"的问题时感到困惑吗？这是为什么呢？

问题二：你自我否定过吗？否定自己什么？

问题三：你考虑过怎样做才能避免自己被人"嫌弃"吗？你由此得出什么结论？

问题四：你最喜欢做的事情是什么？这是你真正喜欢的吗？

问题五：你对自己或他人感到内疚吗？内疚的原因是什么？

如果你已经能够把注意力放在自己身上，请一定要表扬自己。能够审视之前从未关注过的自己，意味着我们已经迈出了重要的一步。

"我能够理解为了别人而努力的自己。"

"我发现自己只会把想法隐藏在内心深处，并不断地自我否定。"

"我意识到自己深陷愧疚之中，无法自由行动。"

就这样，一步一步地，我们可以找回并认识真实的自我。

先不要执着于深入了解自己，只要意识到自己现在的真实状态就好。

2 思考重要的东西,增强自我意识

找到对自己来说重要的、心爱的东西,也是一个让我们专注于自己的方法。

请想一想,对你来说,生活中的什么东西是最重要的?

思考这个问题有助于你重新认识自己感兴趣的人、事、物。"重要的东西就是自己",当你意识到这一点时,就能更好地照顾自己。

如果你找到了对自己来说非常重要的人或物,请想一想为什么他们是重要的。

有些人可能会意识到,"因为想拥有充满活力的人生,所以才重视自己的工作",或者"因为有安全和被治愈的感觉,所以才珍惜朋友"。

我们可以将自己重视的东西更好地融入日常生活,来使自己感到舒适和满意。这是一种重视自己的行为,能直接提高我们的自我肯定感。

在日常生活中，思考"什么对自己重要"的机会比我们想象的要少得多。有时只有在出现问题后人们才会意识到，一直没有珍惜对自己而言非常重要的东西。我相信很多人都有过这样的经历：对理所当然的东西视而不见，在失去之后才悔不当初。

想清楚什么对自己最重要，在醒悟后珍惜、保护它，也是非常重要的。

在生命中最艰难的时期，因为能看到比痛苦更重要的东西，所以，努力地意识到重要事物的存在也有助于强化自我意识。痛苦可以让人觉得"因为很痛苦，所以我要照顾自己关心的人"，也可以让人下定决心"采取行动，照顾现在正饱受痛苦的自己"，使人有可能做出"只是被动接受痛苦"以外的选择。

想一想，什么对自己最重要。

3 换个角度看弱点，发现自己的个性

自我肯定感低的人非常善于发现自己的不足和缺点。事实上，人的长处和短处就像是一枚硬币的两面，就看我们把哪一面翻出来了。事物都具有两面性，并非只有绝对的一面。因此，我们可以将弱点作为自己的"特殊技能"，用来提高我们的自我肯定感。

例如，如果"顽固且不变通"是一个缺点，那么我们将其看作"有信念"或"坚强的意志"，它就变成了一个优点。如果认为某人是"情绪化、脾气暴躁的人"，那的确是缺点，不过我们也可以将其隐含的丰富情感视为优点，比如把对方当作一个热情的人。

首先，我们可以尝试写下自己的弱点和不足之处。之后再想一想，如何用积极的眼光来描述自己的这些弱点和不足。

例一：兴趣爱好总不能持久。

即：有很强的好奇心；总能愉快地开始新的学习；能结交

各行各业的人。

例二：健忘，不记事。

即：性情平和；心态稳定；能缓和团队气氛。

例三：性格孤僻，总是躲在队伍的最后面。

即：对整体情况有较为客观的看法，可以做支持者。

如果可以的话，我们不仅要在自己身上找缺点，也要在周围人的身上找缺点。从积极的角度重新认识自己的缺点并不容易。我们往往可以容忍周围人的缺点，比如在发现他人的缺点时，我们会认为"这是他的一部分""这是他的性格，同时也是他的优势"等。

越试图去修补和克服自己的弱点，就越会失去隐藏在它们背后的优势。大多数所谓的缺点根本不需要改正。

我们应该尽可能地重新定义那些所谓的缺点，使之成为自己的个性和个人标签。积极看待自己就相当于提高自我肯定感。

写下自己的缺点，并尝试以积极的方式重新定义它们。

4 通过创伤事件重新审视过去

众所周知,在青春期发生的事件是让人们产生自卑心理的一个常见因素。

即使是微不足道的小事,也可能会成为成年人自我肯定感低的根源。

初高中阶段的青少年很容易在意周围人的目光,并养成与他人比较的习惯。在此期间令他们受到冲击的事情,往往会在他们的脑海中停留很长时间。

因此,想要解开自己心里的疙瘩,首先要问自己:"在初高中阶段,有没有发生过什么令自己受到冲击的事件?"

我认为,在思考上述问题的过程中,各种事件都会浮现在脑海中,例如"穿了自己很喜欢的衣服,却被朋友嘲讽""了解到一个自认为很亲近的朋友背地里说自己的坏话""未能入选最后的比赛""没能考上自己想去的学校"等。

之后我们也可以尝试问自己:"过往经历对自己的成长有

怎样的影响？"

我想有些人可能会产生这样的想法，"从那以后，就不愿意接受挑战了""面对朋友，总是会紧张""越来越觉得自己是个坏人""不敢当众发表意见了"等。

其实我们不用强迫自己去面对过去发生的事件，只要记得自己曾因这些事件而遭受过冲击就可以了。

找到创伤事件的发生原因，能让我们的情感得到修复并接受过去的自己。

在回想某一件事时，我们可能会意识到，"现在想起来，那只不过是一件小事"。也许我们还可以客观地看待过去发生的事件，比如，换个角度看问题，"那个时候，其他人可能也都尽力了"或"虽然那件事让我退出了社团，但我因此而结识了新朋友"等。

如果能以这种积极的心态重新评估过去的事件，我们的自我肯定感将提高，从而拥有加倍幸福的人生。

回忆一下曾经让自己遭受冲击的事件。

5 通过尴尬事件重新审视过去

青春期是青少年心理非常敏感的时期。在身体变为成年人、精神逐渐独立的这段时间里，青少年往往会成群结队地行动。他们将自己与周围的人进行比较，对尴尬和耻辱经历非常敏感。

有些青少年会因为自己总是觉得尴尬，无法与他人正常交谈，甚至不敢与他人打招呼。他们的自我意识过强，过分在意他人的眼光，终日纠结于"别人怎么看待自己""自己在其他人眼里是怎样一种存在"，把自己的感受排在第二位，总是陷入"不要让自己难堪"的心态中，无法做自己。

有些孩子因被周围的大人斥责"做这种事很丢人""不成体统"而被永久地烙上了耻辱的烙印。

一般来说，尴尬意识会随着年龄的增长而消退。但是，有些人在成长的过程中一直都很胆小，往往会以是否会产生尴尬作为自己行动的标准。对于某些人来说，引人注目同样令人尴尬。成绩好、长相好、人缘好、家庭背景好的人在学校里更容易受到关注。他们虽然拥有这些闪光点,但他们的自我肯定感并没有他人想象中那么高。

由于身边的每个人都处在习惯与他人比较的年龄段,因此脱颖而出可能会遭人嫉妒,并导致被他人排斥等。如果人们只是经常对一个人的外在做出评价,接受评价的人可能会觉得"他人无法了解自己的内在"。

如果这种状态一直持续下去,他们就会养成扼杀自己个性的习惯,认为"太显眼不是什么好事,甚至会使自己感到尴尬"。这些人更喜欢与其他人一样,持以他人为轴心的态度。

现在,我们都应该花点时间回忆一下自己初高中时期的尴尬事件。回忆的过程也许并不愉快,但那些经历很有可能就是让我们容易陷入尴尬的根源。

请尝试挖掘过去,诚实地直面并接受那些已经发生的事情。这将使我们感受并接受真实的自己,同时能提高自我肯定感。

回忆并拥抱曾经的尴尬事件。

6 通过失恋经历重新审视过去

通常情况下，失恋也可能是缺乏自我肯定感、缺乏自信和过度在意他人的原因。

由于失恋，人们可能会陷入一种完全否定自己的状态，失去生活的希望，找不到人生的意义。

尤其是年轻人，很容易陷入浪漫至上的境地。如果因为那些经历便认为自己一文不值，进而养成低估自己的习惯，那么在以后的恋爱中将很难建立起健康的关系。因为有些人害怕受伤的恐惧感非常强烈，以至于无法再信任任何人。

事实上，如果恋爱或婚姻关系中出现问题，很多人的其他人际关系可能会随之受到影响。恋爱是与另一个人形成非常亲密的关系，在恋爱中受到伤害可能会导致自我肯定感低下，而我们自己却不一定能意识到这一点。

我们都应该花点时间回顾一下令自己感到痛苦的失恋经历，尤其是自己在这段经历中遇到困难时的感受，然后试着写下具体的细节。

有些人可能会想起一些自己至今都难以接受的失恋经历，例如"在婚礼前被分手"或"被劈腿"等。还有些人曾向我倾诉，他们失去自信不仅是因为失恋本身，亲戚与朋友口中"不必为失恋而如此沮丧"等轻描淡写的劝解，也对他们造成了极大的心理冲击。

如果有"现在看来不是什么大事，但是在当时却令自己相当难过的事件"，也请写下来。即使你当时没有特别在意，这些事件也会在不知不觉中影响你，继而影响你未来的生活。

回忆过去的恋爱经历时，请试着理解自己当时的感受，对自己说："那时的你一定很难过。""你当时一定受到了很大的冲击。"

接受失恋的痛苦经历，不仅能让人接纳真实的自己，还能提高自我肯定感。

回忆并接受失恋的事实。

7 通过挫折经历重新审视过去

在实践中经常遭受失败和挫折是导致自卑感产生的根本原因。这些经历会让人失去自信并降低自我肯定感，进而导致人际关系出现问题。因此，回顾一下自己的挫折经历，可能有助于你解开阻碍提高自我肯定感的疙瘩。

考试失利是青少年经历的最为普遍的失败，但这类失败却可以改变一个人的性格、生活，甚至未来。

下面我将讲述这样一个故事。某人的成绩很好，曾被认为一定能考取名校，但他在考试中没有发挥出自己的水平，最终只能前往保底的院校就读。

他说，看到成绩比自己差的同学考上更好的大学时，他受到了极大的冲击，这件事也对他产生了持久的影响，以至于他在入学后一直处于非常消沉的状态。他变得什么都不愿意做，认定自己只会在关键时刻掉链子，自卑感越来越强，还影响了自己和同学的关系。

就业挫折也会对人生产生重大影响。

有人说，每次收到拒绝录用的通知，都觉得自己遭到了否定。一旦这样的状态长久持续下去，他们就会觉得自己不再被社会需要。也有人说，尽管自己尽了最大努力，但还是没能进入理想的公司，这使他们刚刚步入社会就失去了奋斗的目标，对自己今后的人生也不再抱有希望。

如果因为遭受挫折而不停地自我否定，我们便会逐渐认为周围的人也在否定自己，产生"每个人都在取笑我""别人是不是看不起我"等想法，让我们的人际关系陷入困境。

这样一来，挫折经历会在我们心里留下一个很大的伤疤。然而，正视这一事实并再次积极地看待人生，我们就有可能恢复并重新认识真实的自我。生活中难免遇到挫折，如果拥有强烈的自我肯定感，我们就能够把挫折当作经验来积累。

回忆并重温自己的挫折经历。

8 通过叛逆期的自己重新审视过去

你在青春期叛逆过吗?

叛逆期是影响自我肯定感的一个非常重要的因素。

叛逆期一般是指青春期的孩子由于自己不听话或无视父母的要求而与父母关系紧张的时期,同时也是他们身心快速成长、对他人目光极其敏感的阶段。青春期的孩子往往会在这段时期变得喜怒无常、情绪极不稳定,但自己又不明原因。

叛逆期被认为是对青少年非常重要的心理过渡期。孩子会通过反抗父母和周围的成年人,寻求自己想要的生活方式,以期让自己变得更加独立。

如果父母非常严厉、过度干涉或控制孩子的生活,那么孩子就没有反抗的余地。如果孩子的任何主张在情感或逻辑上都被否定,而且不被允许自由行动,那么孩子就会把愤怒和焦虑留给自己,在生活中顺从父母和社会。在进入叛逆期后,他们也会因为被强行"镇压"而无法反抗。

有的孩子虽然看上去可能是"好孩子",但他们不一定有自己的意志和意见,在成长过程中可能无法建起立以自我为轴心的生活方式。

对于没有经历过叛逆期的人,请想一想,如果能回到那个时候且没有任何言论限制,你会说什么。

如果有不能告诉父母却又不得不忍受的事情,或者觉得很困难的事情,请把它们写在笔记本上。

不管心里有多少不满,你都可以毫不避讳地把它们写出来,比如"你们总是逼着我学习,跟你们说实话吧,我真的快崩溃了""有太多的期望等着我去达成,我真的很难""嘴上说是为了我好,但你们真正在乎的不过是自己的面子""爸妈一直在吵架,我觉得我快要窒息了"等。

正确释放被压抑的情绪能帮助我们建立"自我"。在经历过叛逆期之后,我们才能用成年人的思维去看待问题。

将压抑的感受写出来,以释放自己的情绪。

9 通过印象深刻的事件重新审视亲情

有人说，家庭关系是人际关系的基础。和家庭成员一起经历的事件是影响自我肯定感形成的重要因素之一。

问一问自己，你和家人之间最难忘的一件事是什么。

如果有美好的回忆出现在脑海中，那就是你被爱的证据，同时也是提升自我肯定感的原动力。

如果脑海中出现的都是些不好的痛苦的回忆，那说明你在成长的过程中可能一直都在忍受痛苦。你可能难以说出自己的痛苦经历，并且很难与他人建立亲密关系。

这是一项令人不愉快的任务，但请你务必仔细地回忆，在你的人生经历中，有哪些令你感到不愉快的事件。

你也可以描述一下自己当时的心理感受，以及苦恼的原因。如果不记得当时的感受，请尝试想象一下自己可能会有什么样的感受。

"爸妈总是吵架，令我感到很难过，很不适应。希望他们能早点停止争吵。我很讨厌父母吵架。"

"爸妈只爱姐姐。我也想让他们多照顾我，我觉得他们好像不在乎我、不需要我。"

通过回忆，每个人都有可能意识到一些自己以前不认为是问题的问题。

许多被培养成"好孩子"的人能掌控自己的情绪，不会对父母或兄弟姐妹有不好的看法，但是他们会在谈论自己的感受时吞吞吐吐。

正如我所提到的，我们可以只接受事件的发生，并且对当时深感痛苦的自己给予共情。在上述过程中，释放深藏在自己心灵深处的痛苦，有助于提高自我肯定感。

回忆并写下与家人之间难忘的事件。

10 通过母亲的形象重新审视家庭关系

可以毫不夸张地说，对孩子自我肯定感影响最大的人是母亲。

在奠定人格基础的幼儿期，母亲与孩子的联系往往最为密切。可以说，母亲是孩子人际交往能力发展的基础。

在这里，我将介绍几种可能对孩子的自我肯定感产生影响的母亲类型。

第一类是情感丰富的母亲。

情感丰富的母亲会突然出现情绪波动，或在她们感觉不愉快时，情绪状态起伏很大。被这类母亲养大的孩子，总会以"不惹妈妈生气"为标准来规范自己的言行和态度。有时，她们的孩子还会充当倾听她们抱怨的角色，以不打扰母亲的方式行事，使其能够保持好心情。

这类母亲对周围人的情绪非常敏感，所以很可能在与他人的交往中不知所措，过分在意周围的环境，让自己的生活疲惫不堪。

有些母亲还会"嫉妒"自己女儿的年轻、才华和美丽的外表。尤其是当自己不得不忍受一些事情时，她们会出于嫉妒而对试图展翅飞翔的女儿产生歇斯底里的情绪和控制欲。

第二类是参与过度的母亲。

参与过度的母亲会干涉发生在孩子身上的一切，把自己的价值观和想法强加于孩子，这类在热心于教育的母亲中较为常见。其中一些母亲会把孩子当成自己的"财产"，而她们则扮演支配者的角色。

由这种母亲带大的孩子往往没有自己的想法，自认为生活在一个局促而陌生的世界里，并时刻压抑着自己的情绪。在没有意识到问题的情况下，他们可能会无意识地养成"选择能让母亲满意的答案"的习惯，且青春期后仍然不会与母亲形成心理上的界限。

第三类是过度保护孩子的母亲。

有些母亲缺乏自信，时常感到焦虑和担忧。这类母亲会无休止地担心自己的孩子是否会生病、是否会在学校受到欺负、是否会成长为品行端正的成年人等，因此，很容易过度保护孩子。

这样的母亲身边，往往都是些能给予母亲支持的"好孩子"。他们很关心自己的母亲，即使把自己的感受抛在脑后，也要听母亲的话，会通过行动让母亲放心，让母亲高兴。

乍看之下，这种亲子关系似乎非常融洽，但孩子为了不让母亲不安，总以"让母亲满意"为首要任务，始终隐藏自己的感受和意图。在成年后，他们经常无法很好地表达自己的感受，或者坚信"只要我努力了，大家都会好"，因此独自承担一切，从而精疲力竭。

第四类是冷淡型的母亲。

有些家庭中的母子关系不好，母亲容易冷淡或试图撇开孩子。这种类型的母亲往往会投身于工作与事业，对生活有强烈的不满与遗憾，努力去实现自己所追求的一切，她们无法优先考虑育儿问题。

但是，孩子由于不了解个中缘由，会认为"妈妈讨厌我""妈妈不爱我"。情况更糟时，他们甚至不愿和自己的母亲说话。他们总是很孤独，习惯看母亲的脸色。

由于孩子与这类母亲有距离感，由她们抚养的孩子在成年后不仅有疏远他人的倾向，也常有"很难与他人建立亲密关系""不善于与人友好交谈"等烦恼。

你的母亲是一个什么样的人？

童年时期，你是如何与母亲相处的？

回忆与母亲的相处模式，有助于我们了解自身人际关系问题的产生原因。作为一个成年人，我们也许可以客观地把母亲视为一个独立的个体来看待。学会接受自己的母亲,并在心中与其划清界限,那些降低我们自我肯定感的因素就会消除。

重新审视自己与母亲的关系。

11 通过父亲的形象重新审视家庭关系

在某些情况下,与父亲的关系对我们以后的人生和自我肯定感也有影响,所以我们需要通过父亲的形象重新审视家庭关系。

如果父亲对孩子的言行和礼仪要求严格,对孩子的学习与特长也要求较高,那么孩子一旦达不到要求的成绩就会被加以训斥。在孩子眼里他们是"可怕的爸爸"。有些父亲还会对孩子的母亲说"这都怪你"等训斥的话语。这种时候,孩子的内心同样会受到冲击,就像自己被父亲训斥了一般。

如果父亲喜欢通过肢体暴力、将孩子赶出家门、酒后训子等方式管教孩子,那么他们的孩子说话、做事会缩手缩脚的,会因为父亲的情绪变化而紧张,以至于活得心惊胆战。即使走上社会,这些孩子也改不掉自己从小养成的习惯,他们可能无法正常地表达自己的感受,或者会成为过于敏感的人,极度在乎周围的人和环境。

我们都知道，父亲在家庭中一般象征着"权威"，他们对孩子的影响更有可能在我们与上级的关系中体现出来。与父亲疏远的人，内心往往会在与年长上司的关系中挣扎，容易缺乏自信，对社会和他人产生恐惧。

此外，如果父亲对母亲不忠或忽视家庭，那么他们的女儿对男性的不信任感可能会是根深蒂固的，对感情缺乏信心。

而能感受到父亲的爱、与父亲亲近的人，往往会产生强烈的自我肯定感。在公司与组织中，这类人很容易成为备受他人喜爱的人，但他们也很容易听从"权威"人士的要求。

你的父亲是一个什么样的人？

童年时期，你是如何与父亲相处的？

原生家庭的相处模式导致人们在当下的生活中充满烦恼的情况并不少见，因此我们要从不同的角度来看待自己与家人之间的关系。

重新审视自己与父亲的关系。

12 宣泄情绪，重新回到内心平静的状态

既然我们已经知道了成长经历和家庭关系对自我肯定感的影响，下一步要做的就是努力把自己的情绪宣泄出来，重新启动健康的情绪。

第一步，把积累在心里的对"那个人"的情绪宣泄出来。这就是所谓的情绪释放。

"那个人"可以是你的母亲、父亲、老师或同学。因此，请重点关注你在阅读前面的内容时脑海中所浮现的人。

自我肯定感低的人往往难以与人交往，他们常常感觉自己与他人之间有一堵"墙"，其实这堵"墙"是他们内心积聚的负面情绪。通过释放压抑在心中的负面情绪来排除沟通障碍，可以对自己的社会交往产生积极的影响。

假如有人说了一些令你感到不快的话，也许你会因此在自己和对方之间筑起一堵墙，但如果你能把积压在心里的情绪吐露出来，那就不用筑墙了，而且我们也能更坦诚地表达自己的

感受,比如"我不喜欢你那么说"等。这将给对方一个道歉的机会,也给你们一个修复彼此关系的机会。

我们也可以尝试在笔记本上写下自己一直没有宣泄出来的感受。在此过程中,可以从以下几个角度进行表述,如"我不能原谅……""我本想……""我因为……很伤心""我因为……很痛苦""我很抱歉……"等。

稍微夸张点的表达方式更有可能产生情感释放的效果。

如果完全想不到自己要写什么,我们也可以尝试如实地写下自己目前的想法,如"我想不出自己想说的话。我想我已经忍耐太久了"。最终,我们会一点一点地表达出自己真实的感受,"是的,我那个时候一直在忍耐。我真的希望能有人倾听我的诉说"。

我们还可以试着用自己与某人对话时的语气写一封永远不会寄出的信。对于难以说出自己的愤怒的人,我建议你准备一个专用的笔记本。我称其为"记恨簿",通过用文字书写的方式在这个笔记本上宣泄你的愤怒,最后通过焚烧笔记本的方式处理掉你的愤怒。

这个方法的关键在于坚持写下去,直到自己重获内心平静。这将帮助我们提高自我肯定感。

写下自己对心有隔阂之人的感觉,能有效缓解负面情绪。

13 通过共情，梳理对过去的感悟

正确释放被压抑的情绪后，下一步要做的就是"共情"让我们产生这些情绪的人，之后再给予其"宽恕"。

具体地说，就是在写下自己的想法和感受并重获内心平静后，把自己放在对方的位置上，进行换位思考。

例如，"如果我处于同样的立场，可能会有同样的感觉""他可能是在工作中遇到困难，心里不痛快了吧""也许他是缺乏自信，所以才会攻击我""他只是没有合理地付出真情，并非出于坏心"等。

要尝试从情感上理解"那个人"为什么会这样做。作为一个成年人，我们可以通过思考去理解他人，但请尝试"封印"住这种能力，有意识地从情感上理解他人。渐渐地，我们将有望提升共情能力，萌生这样的想法，如"我能想象那一定很困难""我知道那有多难"。对一些人来说，这个过程可能会让自己感同身受。

能够体味让自己感到悲伤、孤独和恐惧的"那个人"的人生并感同身受时,我们就能理解对方的感受,继而产生共鸣,在对方表达自身情绪时,理解他们采取这种态度的原因。

这肯定会让我们的内心涌现出想要宽恕对方的想法,如"我不怪你""我相信你已经很努力了"。

最终,我们心中保留的将只有"那个人"对自己人生产生的积极影响,例如"虽然很辛苦,但正是因为那件事,我才能够做到最好""那件事让我成长"等。

我们可以先写下对"那个人"心存感激的十件事。如果感谢的念头由心而生,宽恕对方的任务就算完成了。

如果初次尝试效果不佳,就请反复尝试这个过程。我们也可以尝试写得更加具体一些,但要把数量控制在一百条左右。届时我们将会拥有积极的人生态度。

设身处地为别人着想,感受他人情绪。

14 与自己心中的母亲对话，改变"真相"

如果你在青春期没叛逆过，或许是因为你与母亲的关系存在问题，你可以花一些时间集中思考自己与母亲的关系。该过程前面有提及，但由于与母亲的关系是提高自我肯定感的一个重要主题，因此在这里我将做出更为具体的介绍。

第一点：写下自己对母亲的真实感受（愤怒、孤独和爱等）；

第二点：写下自己因为母亲而做出的忍耐或牺牲；

第三点：写下自己不能对母亲说的话，或者因为母亲而不能做的事；

第四点：写下自己对母亲的感谢；

第五点：写下自己为什么会为有这样的母亲而感到骄傲；

第六点：给母亲写感谢信。

首先，必须通过前三点，最大限度地宣泄和释放自己对母亲的怨恨等负面情绪。

一旦宣泄了负面情绪，就会更容易面对，所以接下来就要进行第四点和第五点内容。写下"现在想起来,妈妈每天上班,还要接送我,那段日子一定很辛苦""虽然不能来参加活动,妈妈还是很早就起来给我做了午饭"等时,你将重新感受到自己与母亲之间的温暖亲情,并对母亲心生感激。最后,如第六点所述,你可以把这些想法写成一封信。

完成以上步骤后,你会发现正是因为母亲对自己要求很严格,所以自己才能好好学习,并且有幸从事现在的工作;也正是因为母亲就是这样的人,所以自己才能够把注意力集中在成长和学习等方面。

过去的事情是不能改变的,我们只能改变现在对过去的事情的看法。对过去持积极的看法并萌生"我很高兴自己有这样一位妈妈"的想法,会给你带来一种安全感和自信。"我现在这样就很好"的观念将直接帮助我们提高自我肯定感。

请试着在宣泄完自己对母亲的负面情绪后,对她的付出表示感谢。

15 专注于爱，放下罪恶感

阅读本书后，如果你觉得自己可能是罪恶感较强的类型，那么专注于爱会对你有所帮助。

我认为罪恶感与爱成正比。

例如，孩子如果出了事，许多父母都会产生强烈的罪恶感，认为是自己的错。和恋人分手后，有些人会自责，说："因为我，给对方造成了很深的伤害，我不配再得到幸福。"

因为爱得很强烈，所以才会背负罪恶感。换句话说，在强烈的罪恶感背后是同样强烈的爱。

即使出于爱而采取的行动没有达到预期的结果，你也可以通过认可其价值来减轻罪恶感，告诉自己那绝不是一个错误。

下面我将讲述一位女性的故事。她不断地爱上那些不能让自己幸福的人，并认为自己无法得到幸福，也不配得到幸福。

其实，从小她就经常看到父母吵架以及母亲独自哭泣的身影，为此她很自责，说："我帮不了爸爸妈妈，没办法让妈妈的生活充满快乐。"正因为如此,她的潜意识里一直带有强烈的罪恶感,认为面对父母的争吵无能为力的自己毫无用处。

我曾语气坚定地向她传达了一个事实,"因为你深深地爱着自己的父母,所以才会如此努力"。她意识到"尽管不能像自己想象的那样让爸妈和好,但因为我爱他们,所以才想尽微薄之力给予二人帮助",这使她能够原谅自己并允许自己幸福。她的幸福会给抚养她的父母带来快乐和自豪,也会帮助到他们。

就像这样,通过爱的联结,你将可以消除自己的罪恶感。

如果你认为某件事是自己产生罪恶感的原因,请尝试从事件背后有爱的角度进行回顾。如果能通过这一方式给予自己宽恕,你的内心将获得释放,自我肯定感也将得到提高。

在自己感受到的罪恶感背后寻找爱。

16 用"我没有错"肯定自己

自我肯定也是消除罪恶感和原谅自己的一个非常有效的方法。"肯定"的英文 affirmation 还可表示"积极的暗示",即反复大声说出来的话会影响潜意识,继而产生积极效果。

下面我将介绍一种能有效减轻罪恶感的方法——无罪宣言。

连续多次重复一句话,不知不觉中,我们的内心就会平静下来。令人奇怪的是,不断地重复一句话还会让情绪也变得安稳。请尝试反复且大声地说出以下内容。

"我原谅自己。"

"我没有错。"

"我所有的过错都得到了宽恕。"

"我可以冲破牢笼,在空中自由飞翔。"

"我爱自己。"

"我不再有罪。"

背负罪恶感的人一直无法原谅自己，把自己禁锢于内心的牢笼之中，不断给予自己惩罚。自我肯定的目的是让我们摆脱内心的牢笼，并允许自己的内心获得自由。

罪恶感很强的人在发表无罪宣言时也许会泪流满面，"我没有错"这句话很可能会让人哽咽。

这就是为什么我会建议大家在肯定自己时，言语要尽可能地平实，不要太情绪化。在自我肯定时心怀杂念，你的情绪很可能会发生波动，内心将更容易产生矛盾。因此，我们可以尝试像诵读经文或祝贺词一样进行自我肯定。

如果能反复、坚实地进行自我肯定，我们将完全有可能摆脱罪恶感，心情也会变得轻松，不再自责。与此同时，我们还有望提高自我肯定感。

简单地重复"我没有错"，有助于减轻罪恶感。

17 肯定过去的努力,为自己点赞

肯定过去的自己是提高自我肯定感的一个快速有效的方法。

自信来源于经验和自我肯定。

无论你拥有多么厉害的经验,无论其他人多么认可你,如果你不认可和接受自己,都永远无法获得自信。

所以,无论你有过什么样的经历,对于任何与你有关的事件,都请尝试对自己说"你做得非常好"!

如果能静下心来回想,人们总会回忆起自己曾经尽力做过的事情。如果实在想不出来,我建议大家先回顾过去,之后再针对某一个具体的事件肯定自己。比如:

"你一直很有耐心地听妈妈抱怨,你做得很好!"

"为了回应父母的期望,你学习了很多知识,并成功考上了大学,这很好!"

"那时你的工作明明也很辛苦,但你仍然支持了自己的恋人，真了不起！"

"你为了伙伴接下了××的职位，完成了一项艰苦的工作，你做得非常好！"

像这样围绕某些具体的人生经历，对过去的自己说一声"干得好"！在脑海中给自己打一个大大的对钩吧！

那些可以帮助我们增强自信的经历不一定是举足轻重的大事。

即使在一些经历中没有获得自己所期望的结果，像努力不负众望，努力帮助别人，甚至牺牲自己去努力做某事，也都是美好的事情。

即使心里想着"我可以做得更好"，也要告诉自己，"我以自己的方式做到了最好，这样就足够了"！

人对自己的要求永无止境。所以，请找出你认为自己做得好的地方，给自己打一个大大的对钩，或肯定地对自己说一声"你真不错"吧！

认同自己过去的经验及当时的努力，会增强我们对自己的信心，给自己力量，让自己在生活中以自我为轴心。

回忆过去的经历，给自己打一个对钩。

18 收集自己一直被爱的证据

相信自己值得被爱、值得拥有无条件的爱，可以帮助我们从一系列令自己感到痛苦的负面情绪中脱身，提高自我肯定感。

自我肯定感越低的人，越容易产生"我从小没有被爱过""我在爱情和友情上都很失败"等想法。如果总是照顾他人的情绪，总是承颜候色，那么你会很容易忘记自己被爱的事实。

只要活着，就没有人是不被爱的。要理解这一点，收集自己正在被爱和一直以来都被爱着的证据是很有用的。

请在脑海中回想自己至今所遇到的人，以及现在就在自己身边的人。

试着从自己与他们的往来中，回忆他们对你好、帮助你、照顾你、关心你等，让你感觉到自己与对方之间产生联结的事件，寻找被爱的证据。

对方不一定是身边的父母、兄弟姐妹、爱人或朋友，也可以是补习班老师、工作中的前辈、附近商业街的店主或身居远方的亲戚。

这些内容可以是很细节的事件。例如，"转学第一天有个同学跟我说话""我朋友陪我度过了失恋的那个晚上""高考落榜时，我的老师温暖地鼓励了我""酒吧的老板倾听了我的烦恼"。回顾自己的人生时，你会发现一直有人在爱你和支持你。

将这些事情写下来，将会有一些信息传递到你的心里，如"我曾经被爱过""我从来没有孤独过""我值得被爱"。

只要进行过一次这种操作，你就会有所收获。如果重复几次，你将有望把烙印在潜意识中的自己不被爱的看法转变为"被爱过"。

一旦对自己的评价变成"我一直被爱且值得被爱"，你的自我肯定感就会提高，人生也会发生变化。

回忆他人关心自己的经历，并把它们写下来。

19 把自己当作自己最好的朋友

要提高自我肯定感，真正地接纳自己，就必须接受当下的自己。

也就是说，我们要接受且不否认不完美、笨拙、不能随心所欲的自己，不否认自己的弱点，做不到就不要假装能做到，不知道的事也要如实承认。

即使不能按照自己的想法行动，我们也应该支持自己，成为自己的盟友，而不是责备自己。

经常内疚或者自责的人可能会想，"如果能做到这一点，我就不会经受各种辛苦了"。面对挚友或恋人，即使他们展现出笨手笨脚或不好的一面，我们也能温柔地给予对方鼓励。事实上，我们应该用同样的方式对待自己。

我们面对困难的首要任务就是承认自己的日子不好过。如果连自己都否认或隐藏自己过得不好的事实，那就没有人会真正在意我们的感受。

请善待自己，就像对待自己的挚友一样。做你自己的朋友，在你感到困难的时候，给自己一个拥抱。

假如你依然很难认同自己的感受，请试着想一想，如果身边的年轻人做了同样的事情，你会对他们说什么。之后，请尝试对自己说同样的话。

例如，如果是后辈在工作中犯了错误，你可能会对他说："你已经尽力了，所以没关系。对老手而言，这项工作也是很难的。作为刚刚步入社会的新人，你能在那种情况下做到不紧张，已经表现得非常不错了。"你可以专注于对方做得好的一面并给予其肯定。

我希望你能对自己说同样的话。

请尝试接纳不完美和笨拙的自己，像对待亲爱的朋友一样善待自己，成为自己的盟友。这将直接关系到你能否接受真实的自己。

即使觉得自己不够好，也要把自己当成后辈，宽容地面对自己。

20 告诉自己"我是我,别人是别人"

积极的自我暗示可直接作用于提升自我肯定感,相关的表述如:"我是我,别人是别人"。

自我肯定感低和自我意识薄弱的人通常都没有边界感,他们总是容易被别人的言行和想法影响,并因此感到烦躁、焦虑不安。

在这种情况下,肯定地告诉自己"我是我,别人是别人",可以划定健康界限,增强自我意识。

像念诵咒语一样大声念出这句话,可以增加自我暗示的效果。

如果周围有人,请闭上眼睛,将手放在胸口,在心里念诵。这种积极的自我暗示还能有效阻止负面情绪和想法失控,因此我建议大家反复进行。

如果有特定的人干扰你,你也可以尝试在对自己的积极暗示中加入具体的姓名。比如,喃喃自语"我是我,妈妈是妈妈""我是我，他是他""我是我，领导是领导"等话语，将帮助你有意识地在自己和对方之间划清界限。

如果你因为说这些话而感到孤独或惭愧，那就证明你仍然处于一种以他人为轴心的状态，因此你可以尝试反复进行自我暗示，直到自己不再有这种感觉。

何时进行自我暗示也很关键。如果能在使用吹风机时、洗澡时、洗碗时或者在上下班的电车上进行相关表述，把它作为一种日常习惯，任何人都应该能够从第三周起感受到自身的变化。

如果能做到"开始某项习惯性行为时，嘴里自然会嘟哝相应的话语"，那就证明你已经为自己安装好了这样一个"软件"。因此，强调"我是我"的这种以自我为轴心的生活准则，将逐渐在你的行为和思维模式中留下痕迹，以"我"为主语的表述也会随之增加。

因此，你将能够独立地做自己。在明确"自己想做什么，应该做什么"的同时，也请反复提醒自己，避免在他人的影响下否定自己，以此提高自我肯定感。

简单地重复"我是我，别人是别人"有助于提高自我肯定感。

21 不要太在意别人是不是喜欢自己

接下来,我要介绍的积极的自我暗示话语是"不要太在意别人是不是喜欢自己"。

请尝试重复说二十次,然后问问自己感觉如何。

如果你感到轻松,那说明这句话对你应该有所帮助。在这种情况下,你应该每天有意识地进行三十次到五十次积极的自我暗示。

如果你对这句话产生了抵触情绪,那么很可能是因为害怕被别人讨厌的心理仍然困扰着你。

如果是这样,请先试着尽可能多地写下别人不喜欢你的后果。例如,"我在工作中会被孤立""我每天都会很孤独和无聊""陷入困境时,我将无法得到帮助"等。总之,考虑一切可能性并逐一记录下来。

写完之后,你还要在心里问自己:"你为什么这样想?""你怎么知道会发生这样的事情?"

这将使你想起自己或他人的痛苦经历。

一旦了解了自己不想被人憎恨的原因，最好将其写在你的博客上，或尝试向好友和心理咨询师吐露心声。

俗话说："交流是放空观念。"有人对自己的倾诉产生共鸣时，大脑将自动清除痛苦记忆。

除了肯定地告诉自己"不要太在意别人是不是喜欢自己"之外，我还建议大家尝试通过"即使……也没关系"的表述进行积极的自我暗示。例如，可以尝试对自己说："在工作中被孤立也没关系！""每天孤独和无聊也没关系！""在困惑时没有得到帮助也没关系！"这是一种非常有效的方法，但也有相当大的心理冲击力。因此，若你觉得无法做到，也可以放弃。

能放下"不想被人讨厌"的想法，自然也就能说服自己"不要太在意别人是不是喜欢自己"。被讨厌的恐惧逐渐消失，那么被讨厌的想法最终也会消失。不管别人怎么说，你都可以自在地做自己，那就是你找回自我肯定感的标志。

反复说"不要太在意别人是不是喜欢自己"，将有助于肯定自己。

22 回顾被人赞美的经历

你最近有没有被别人夸奖过？

要知道，努力回忆被称赞之词也能有效地提高自我肯定感。

自我肯定感低的人一般都有一个习惯，那就是不断寻找自己身上的问题。不仅如此，他们即使得到了他人的夸奖或认可，也不会坦然接受。如果这些表达称赞与认可的话语中含有些许否定或批评的意味，他们的焦点便会全部聚集在那上面。他们中有些人甚至不记得自己曾被人夸奖过。

自我肯定感低的人，经常会下意识地把"夸奖自己的话语"当作耳旁风，只接受"责备自己的话语"。下面我将讲述某位女性的故事。她的上司总是对她进行各种夸奖，比如说她"在工作中很有礼貌""文件整理得很好""仪表端庄""经常跟进前辈的工作"等。

然而有一天，上司突然对她说："要是你的工作效率能再提高一些就好了，那样你将完美得无懈可击。"她说，从那时起，她自己便无法把那句话从脑海中抹去。那句话把她得到夸奖时的所有幸福感都吹散了。

她自己也知道，上司并没有批评她的意思。然而，由于自我肯定感低，她执着于上司所说的带有否定的每一句话，并为此自责。

一个人如果只关注否定自己的话语，自我肯定感自然会很低。所以，要尝试有意识地把注意力集中在"夸奖"上。

那些说"我不记得自己被夸奖过"的人，可能只是因为自我肯定感低而无意识地忽略了肯定自己的话语。

被人夸奖的经历可以是发生在近期的，也可以是发生在很久之前的。试着多多回忆自己被夸奖的话或事件，如"哦，我当时被夸奖了……"，这应该能让你重新评估自己的价值。

回忆自己被人夸奖的经历，并把它们写下来。

23 周围人的魅力就是你自己的魅力

要想真正认识自己的价值，就需要把目光转向周围人的价值。

你可以尝试写下自己周围的人的价值和魅力。

你也许会写"善良和注重细节""挑战欲旺盛""幽默风趣""善于陪伴且具有领导才能"等。

事实上，你写下的内容就是你自己的魅力，也就是你的价值。

在心理学中，有人说，人会通过自己的过滤器看世界，并把自己的内心投射到外部世界。

这意味着我们无法注意到自己所没有的魅力，更谈不上欣赏这样的魅力。在心理学上，这被称为投射效应，即将自己的特点归因到其他人身上的倾向。

如果你觉得周围都是好人，那么你本人也不会是坏人。如果你很欣赏善于挑战的人，那么你本人也应当富有挑战精神，或者你本人渴望成为善于挑战的人。

虽然很多人可能会否认，"不是那样的，我欣赏他们是因为他们太棒了"，但正是因为自己没有认识到自己的价值和魅力，或者自己根本没有意识到内心的渴望和自己的潜力，所以才会有这种看法。

无论如何，请接受"虽然现在不这么认为，但自己可能也有这个优点"的事实。

此外，你还可以写下你最欣赏的人是什么样的。

你所写下的其实就是你自己的魅力。

换句话说，你所欣赏的人其实就是"具备你自身魅力和价值的人"。

通过这种方法，越是能意识到自己的价值和魅力，以自我为轴心的生活方式就越能得到确立，你的自我肯定感也就越高。

请尝试写下周围人的魅力，这些内容也是你的魅力所在。

24 制作愿望清单和逃避清单

下面我要介绍的是愿望清单和逃避清单。

很多人总是以他人为轴心,始终考虑别人的感受和周围的气氛。他们往往以别人为优先,不善于遵从自己的内心。

他们即使在独处时也会反复进行个人反思,想着"我当时这么说就好了""那件事我做错了",所以一直没有时间,甚至忘记做自己要做的事情。

为改掉这个坏习惯,你可以先列出自己想做的或者喜欢的事情。例如,食物、场所、偶像、时尚、旅行等,一切都可以。

重要的是要尽可能坚持完成。我经常建议按照"年龄乘以十"的数量标准去写,就算一开始做不到,也要写至少三十个。你也可以每天写十个,并按照自己的计划践行。

例如,你可以花一个月的时间每天问自己:"我喜欢什么?想做什么?"倘若这能够成为一种习惯,你肯定会在更多的情况下以自我为轴心。

同时，你应该写下自己不想做和不喜欢的事情。

这将使你确认自己的生活是否被不喜欢的事情围绕，并且让你明确区分自己喜欢的和不喜欢的事情。所以，我们要明确地知道，如果想在生活中做自己，最重要的就是不做自己不想做的事。

愿望清单和逃避清单可以帮助你远离自己不喜欢的事情，做自己喜欢和想做的事情。所以请努力练习，养成从容面对自己的好习惯。

通过这种方式更好地面对自己。当被问及意见时，即使是一向回答"什么都可以"或"你喜欢就好"的人，也会逐渐以自我为轴心，说出"我可能会喜欢这个"或"我想这样做"。

列出愿望清单和逃避清单。

25 让微笑成为一种习惯

接下来,我要介绍另外一种提高自我肯定感的方法,即努力让微笑成为一种习惯。这有助于我们减轻罪恶感,进而提高自我肯定感。

让微笑成为一种习惯与爱自己同义,但微笑这种具体的行为应该更容易理解。

首先,问自己:"我喜欢什么?""什么会让我微笑?"尽可能多地列出内容。即使内容微不足道也没有关系。比如:阅读自己喜欢的漫画、吃巧克力、制订出国旅游的计划、在家放松地看电影、在评价较好的餐厅就餐。

一开始你可能想不出能让自己微笑的事情,反而还会产生强烈的内心冲突。一些怀有强烈罪恶感的人甚至会认为自己没有笑的资格。

即使认真考虑,你可能也会想"我可以做这样的事情吗"。在实际尝试后,你可能会再次被罪恶感袭击,认为自己做了不应该做的事。

尽管如此，坚持做能让自己展露笑容的事情仍然非常重要。让微笑成为一种习惯，在无意识中扎根的罪恶感将有望逐渐消失。

此外，让微笑成为一种习惯，也会感染身边的人。如果你能重拾笑容，那些希望你幸福的人也会感到宽慰和快乐。换句话说，让积极主动的微笑成为一种习惯，不仅能让你学会爱自己，同时能让你更好地爱自己身边的人。

你将收获更好的自我感觉。这意味着你能够掌控自己的心情，同时也确实做到了以自我为轴心。

把能让自己微笑的事情列成清单并坚持去做。

26 设定梦想和目标

现在，请你尝试参照前面讲的愿望清单，写下自己想在未来一年实现的梦想。

内容可以是"实现很久以来一直憧憬的南美旅行""一定要在一年内结婚！"等大梦想，也可以是"努力考取资格证书""去健身房健身，打造健康体魄""学会做饭，谈恋爱""培养新爱好，交个新朋友"等与日常生活有关的小事。

一旦确定了自己的梦想，下一步就是设定具体的目标。

设定目标的关键在于目标本身的存在就能让自己感到兴奋。有效的目标设定分为两种类型，请选择最适合你的那一种。

一种是目标设定型。这种方法适用于重视实际结果而非过程的人。设定目标时要融入具体的数字，如"托业考试拿到800分""一年内交到五个朋友"。

另一种是天职履行型。这种方法适合善于为眼前的事情努力而不是为未来设定目标的人。如果你属于这一类，可以设定一些体验性目标，如"提升自己的语言能力，认识其他国家的朋友""遇到一个自己爱的、会以理想的方式向自己求婚的优秀的人"。

设定目标之后，还要准备目标达成时间表。

如果你是目标设定型的人，请试着设定定期目标。例如，在时间表上注明三个月后"升入高级班"、六个月后"参加自己的第一次 TOEIC 考试"等具体内容。

如果你是天职履行型的人，那么可以尝试用语言来监督和激励自己，让自己做到最好。例如，在一个月后的节点注明"是不是已经有了好的成果？"，在三个月后的节点注明"你比以前更有魅力了，加油！"等。

你应该确保自己能够不时地重温目标。即使事情没有按计划进行，也可以审视自己是否有因挑战而成长的领域。能够感受到成长，会让你对明天充满希望，这也将直接影响自我肯定感的提升。

描绘自己的梦想，落实为具体的目标并写下来。

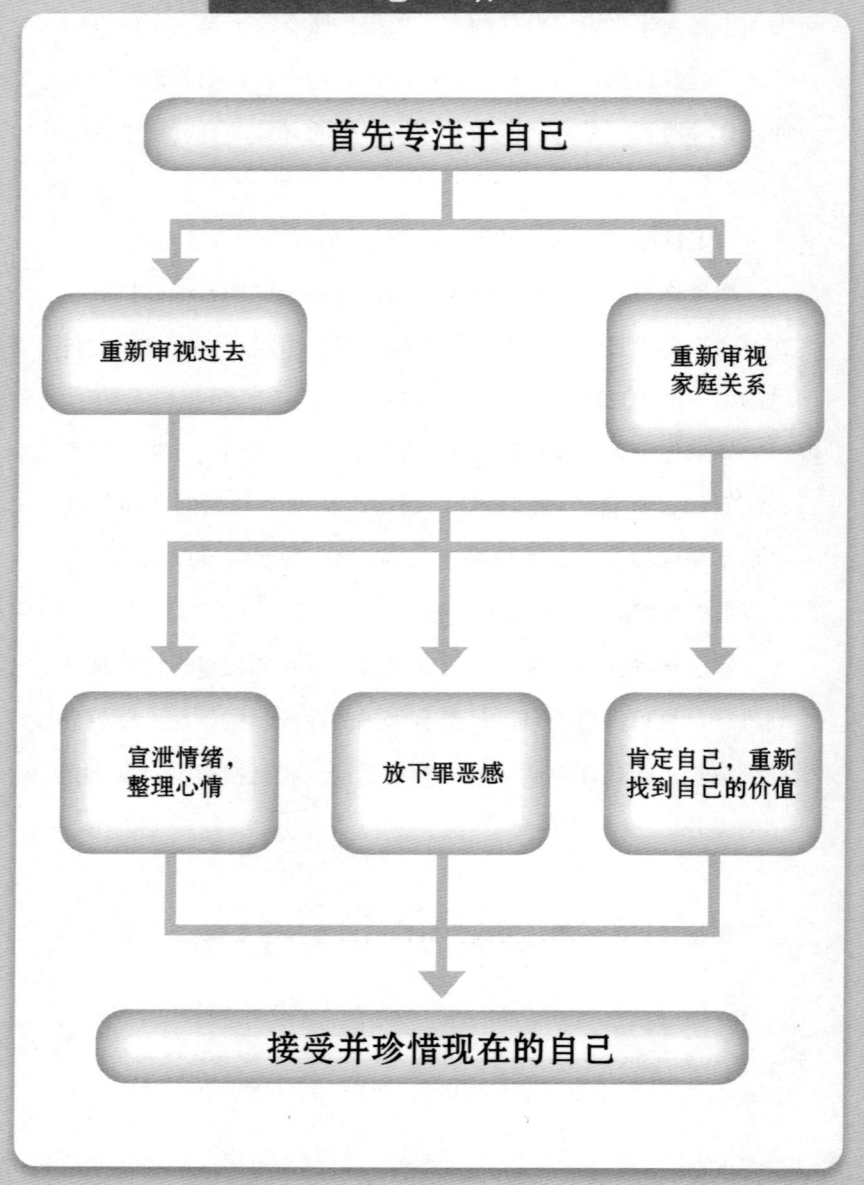

总 结

```
          首先专注于自己
            │
      ┌─────┴─────┐
      ▼           ▼
  重新审视过去   重新审视
                 家庭关系
      │           │
      └─────┬─────┘
   ┌────────┼────────┐
   ▼        ▼        ▼
 宣泄情绪,  放下罪恶感  肯定自己，重新
 整理心情              找到自己的价值
   └────────┼────────┘
            ▼
      接受并珍惜现在的自己
```

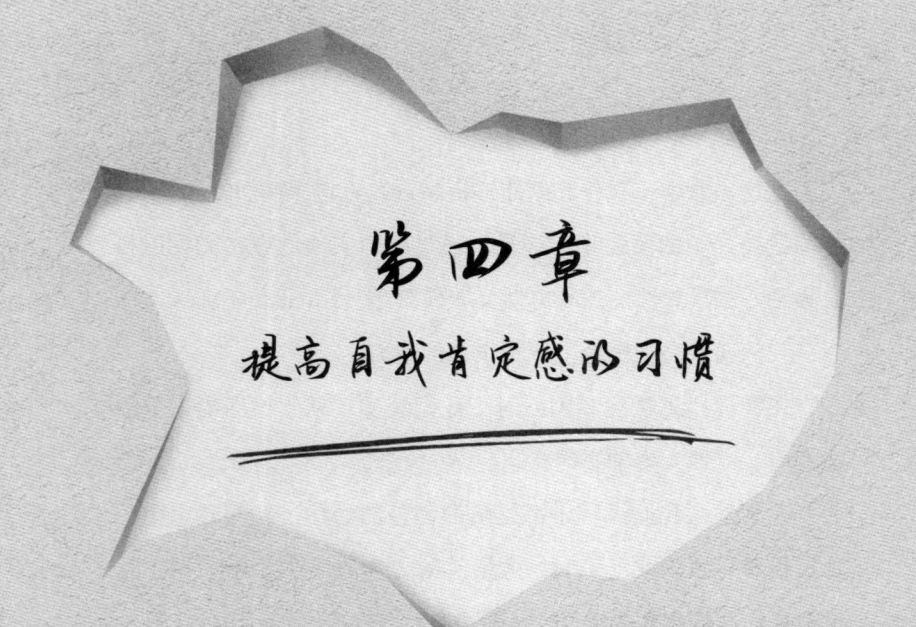

第四章
提高自我肯定感的习惯

1 真正做到脚踏实地

………………………………○

在这一章中，我将介绍能够提高自我肯定感的习惯。

我要介绍的第一个方法是，通过脚踏实地的方式做到以自我为轴心的冥想法。这种方法又叫作落地（Grounding）。

我们通常会在思考上花费很多的精力。

在我们感到焦虑和困惑时，我们其实正处于被周围人分散注意力、以他人为轴心的状态。

尤其是在我们满脑子都是负面消极的想法，且深感焦虑、处境艰难、紧张或急躁时，大量的精力会消耗在"思考"上。这往往让我们感到不踏实、心浮气躁。

因此，我们首先应该双脚牢牢地踩在地上，将注意力从头部转移到肚脐下部，即小腹部。在日语中，通常会用"肚が据わる"（下定决心）形容做好精神准备，用"肚を決める"（下决心）表示决心。在日本人朴素的观点中，腹部是一个人思想和能量的中心。专注于腹部时，我们将可以重新找回自我。

之后我们再将注意力转向足部。意识到自己是脚踏实地的，我们就更容易平静下来，并获得安全感，这将有助于消除负面意识。

如果可能的话，请赤脚进行以上尝试，感受自己足底的感触。

在这一过程中，应专注于自己的足底，感受温暖或干燥的触感，并尝试用脚趾抓地面。之后退后一步，慢慢地深呼吸。请尝试想象自己正身处一片广阔的大地，这时我们会感到心情舒畅，内心也会更加平静。

不要担心自己做得对错与否。只要以不急不缓的方式进行，并捕捉到自己的身体感觉就足够了。这种方法不受时间和地点的限制，无论你是否穿鞋、采取何种站姿或坐姿，都可以随时进行。因此，请务必进行尝试。

因脑力活动而过度消耗精力时，也可以尝试这种方法。例如，在你无法入睡或紧张等状态下，只需一分钟，就能调整好自己。

大脑一片空白时，把自己的注意力从身体上部转移到下部，用冥想调整自己。

2 深呼吸十次，恢复平常心

"心灵的问题来自身体，每一种身体的症状都是心灵问题的隐喻。"

就像东方医学中所说的那样，心灵和身体是紧密相连的，所以，调整心灵要从身体入手。

最简单但又非常有效的动作便是深呼吸。

因焦虑和恐惧等负面情绪而沮丧、担心或不知所措时，我们的呼吸通常浅而急促，氧气无法到达身体各部位，就像窒息一样，让我们感到非常痛苦。

如果感到苦恼，无论如何都要尝试进行深呼吸。通过有意识地重复深呼吸的行为，我们的心会逐渐平静下来，也更容易找回"自我"。

正确的深呼吸方法是从呼气开始。

摆正姿势，轻轻闭上眼睛，尽可能通过嘴慢慢地呼出体内的空气，直到觉得肺里没有多余的气时，再用鼻子慢慢吸气。

就这样数自己的呼吸，重复十次。

闭上眼睛是为了暂时中断外界信息的干扰，让我们专注于自己的呼气和吸气。这时，我还建议按照上一节的方法，将意识集中于足底。

深呼吸不仅可以缓解焦虑和紧张，使人更加有意识地以自我为轴心，还可以提高我们的专注力。我们也可以在学习或工作间隙、考试或发表演讲之前尝试用呼吸缓解压力。

在日常活动中养成深呼吸的习惯也很有效，比如在乘车通勤途中或睡觉前，养成定期检查自己呼吸的习惯。如果感觉呼吸很浅，则可以通过缓慢的深呼吸来实现身心的平静和放松。

呼吸在瑜伽和冥想中也非常重要，我们可以很容易地把它纳入自己的日常生活中，并立即感受到它的好处，所以一定要把它变成一种习惯。

用十次深呼吸驱赶消极情绪。

3 改变身边环境，梳理心态

心理状态会体现在我们居住的房间环境上。心被扰乱时，房间也容易变得很乱，所以整理房间就是整理心情。这有助于提高自我肯定感，让自己恢复平静。

早上的状态通常会决定一天的心情，因此，一天当中的最佳整理时间是清晨。

比如，可以每天早上留出五分钟打扫一个地方，第一天是玄关，第二天是卫生间，第三天是洗脸盆，等等。有一个干净整洁的家，也能提高我们的自我肯定感。

当工作堆积如山而毫无空闲时，办公桌等也会变得杂乱无章。你可以尝试养成上班后立即整理办公桌的习惯。只需整理文件、用水擦拭办公桌、清洁电脑，就足以打造一个安静舒适的工作环境。

此外，如果发生了自己不喜欢的事情，或者自己被周围的环境左右，改变自己所处的环境对改善心情是非常有效的。

深陷负面情绪时，待在同一个地方会让你感觉更糟，大脑会继续往消极的方面思考。

在这种情况下，无论如何都需要改变自己所处的环境。仅凭这一点，你就可以停止胡思乱想。为此，你可以去休息室、便利店或在公园里轻快地走一走。

闲逛有梳理想法、清空思绪的效果，不仅可以让你换个心情，还会让你激发出新的灵感。

在从一个地方到另一个地方的过程中，你还可以伸展背部、踮起脚尖、反复举起或放下随身携带的包，尽可能多地进行肌肉练习和伸展运动。

运动能使人的大脑处于放松状态，将注意力集中在活动部位和动作本身，因此可达到平静心灵和提高注意力的效果。

日常环境对精神状态的影响非常重要。因此，改变周围的环境，也能帮助我们有效改善心境。

如果心情受到了干扰，可以尝试通过整理房间或者换个地方等方式改变所处环境。

4 感受朝阳和户外空气，调整心绪

清晨的阳光很好，有助于调整心情。

如果觉得自己的自我肯定感不足，你应该有意识地在上午十点之前多晒晒太阳。

清晨的阳光，特别是洒落在额头的阳光，可以激活位于大脑深处的松果体。激活松果体可以使我们的思维更清晰，并分泌被称为幸福荷尔蒙的血清素。

晒太阳的地点不限，可以是自家的窗边、阳台或者车站站台、单位的窗边等。

我建议大家花一些时间将注意力集中在前额中央，并想象阳光聚集在那里。

如果在居家远程办公后，一直遭受抑郁的困扰，那可能是由于你没有充足地沐浴清晨的阳光。一个人居家时间越长，越应该有意识地沐浴阳光。

呼吸新鲜空气对心理调节也有好处。如果你被困在消极的想法中或难以集中注意力，可以尝试积极地走到户外做深呼吸。

大脑需要大量的氧气，使情绪和身体焕然一新。同时，通过皮肤感应季节的变化，有助于刷新我们的感受，提高我们的注意力。

在此过程中，请努力抬头仰望天空。

自我肯定感低、厌倦被人摆布时，消沉的我们会轻易地忘记抬头。

可越是这样，我们越应该抬头看天。抬头仰望天空时我们很难感到忧虑。

因为我们在旅行放松时，经常抬头仰望天空。人在放松且心情好的时候，自然会抬头仰望天空。在日常生活中养成这种习惯，有意识地看看天空，将有助于改变我们的心境。

养成仰望天空的习惯，这样即使你偶尔感到忧虑，也不会深陷其中。

仰望天空，能让人心变得更加宽广，使头脑更容易接受"现在正在发生的事情"和"需要做的事情"，从而调整心绪。

养成晨起晒太阳和呼吸新鲜空气的习惯。

5 专访自己，给自己正能量的激励

自我肯定感不足时，哪怕只是小事，也很容易让我们找到责备自己的因素，并陷入自我厌恶、自我否定的状态。

在这种情况下，我们可以尝试对内心活动进行"实况转播"或"人物访谈"。

反复对内心活动进行实况转播或人物访谈，会帮助我们更好地观察并客观地看待自己的感受，能让我们变得更有自我意识，也能提高我们的自我肯定感。

如果感到沮丧失落，你可以在心中对自己的心情进行一场实况转播，就像体育比赛直播一样。具体可参照以下内容。

"……没做出能让客户满意的提案，并因此感到后悔莫及。他感到沮丧、羞愧并心怀歉意。虽然他知道应该请教前辈，但还是自行回复了邮件。他觉得向主管汇报工作这件事让自己很不自在。他说自己要冷静一下，暂时离开座位去买咖啡了！"

解说员说起话来通常都铿锵有力，所以要尽量模仿他们的语气。这也许会激发出潜藏在我们体内的巨大能量。

这个方法很好，在进行自我否定、想改变心情时，或者早晨醒来心情极度低落时，都可以试一试。

工作结束时，你还可以尝试进行一次人物访谈。

你可以在清晨或上下班途中等时段，想象自己在台上接受人物访谈的场景，并事先决定访谈问题，如"你今天表现得很好！目前遇到最困难的事或挫折是什么？""最后，请你对粉丝们说一句话！"等。

忙碌的一天结束后，这场在心中进行的人物访谈就可以正式开始了。这看起来似乎是一个很特别的建议，但它的确有助于我们客观地审视自己。

忙碌的生活日复一日，如果很难找出时间奖励或娱乐自己，则可能会被徒劳感和空虚感侵袭，比如"不知道工作究竟是为了什么"。人物访谈的好处是让人更容易从积极的角度看待不愉快和困难的事情，所以，请务必进行尝试。

把自己当作播音员或受访者。

6 "卸下铠甲",放松心情

为了保持高度的自我肯定感,我们应该正确应对每天不断落在自己身上的各种压力。

为此,我们可以尝试想象自己"卸下铠甲"。

想象就像自我暗示一样,对潜意识起作用,有助于我们放下不知不觉中形成的思想压力。

首先,我们要闭上眼睛,想象自己"穿着沉重的铠甲,带着很多行李"。

一旦脑海中浮现出了具体的形象,我们就可以通过想象脱下自己身上沉重的铠甲,卸下随身携带的每一件行李,感受越来越轻盈的身体。

在进行上述想象时,请暂时停止对所有问题的探索。

这个方法的诀窍是只关注身体的感觉,并以一种淡泊的态度进行,就像刷牙或上厕所一样,其间不要去想其他事情。我们可以在睡觉前练习,之后自然入睡,也可以在外出或前往某地途中练习。一天之内你可以多次实践。

当然，我们也可以想象"抛弃一切"，比如想象自己脱掉衣服，赤身裸体，卸下妆容或洗澡等。与模拟卸甲一样，这也可以将你从压力中得到解放的感觉传递到潜意识中。

当心情阴郁、罪恶感强烈或错综复杂的情绪交织于心时，我建议大家进行有关太阳的冥想。请阅读下面这段文字，展开合理而大胆的想象。

"现在，一道柔和的光线从你的头顶倾泻而下，你正在用自己的整个身体来捕捉这束光。请尝试感受太阳所带来的温暖和光明。一段时间后，光线会进入你的身体，悄悄地吸收你体内的污垢，这些污垢会随着你的呼气排出体外。只要正常呼吸，你身心所遭受过的污染就会逐渐消失。"

如果养成了通过上述方法舒缓压力的习惯，我们将能够以更充沛的精力迎接每一个清晨。

运用三种心理意象化解压力。

7 把不想做的事可视化

即使相信自己能以自我为轴心,但仍会有无法很好地表达自己的意见的时候。如果觉得自己处于以他人为轴心的状态,你可以试着写下自己不想做的事情。

正如前文提到的,为保持高度的自我肯定感,我们需要正确应对压力,释放自己平日里时常忍受、厌恶的感觉和情绪,这可以帮助我们有效地恢复自我意识,用自己的方式享受生活。

下面要给大家分享一下用记事的方式重拾自我的方法。

首先,在不同的纸上分别写下自己不想做的事、担心的事和令自己感到焦虑的事,每张纸上写一条。例如,打扫房间、准备晚饭、听同事抱怨、整理冰箱、安排会议、处理投诉、下周的年会、写新年贺卡等,不管是工作还是私生活,我们可以写上几十条甚至上百条。

接下来,我们要回过头来查看这些纸张,选出自己认为可以停止的事，之后把选好的纸团成一个皱巴巴的纸团，扔进垃圾桶。

最后，再把那些没有扔掉的纸揉成团丢弃。

如果可能的话，你可以选择在一个轻松的周末进行这种尝试。通过将心中的坏情绪以文字的形式可视化，然后扔进垃圾桶，以有效管理并调节自己的坏情绪。

一开始你可能感觉不到效果，但在你把几十张纸扔进垃圾桶后，你会逐渐感觉到自己的内心得到了解放，心情也会开朗很多。

经常有体验者说，"这个方法很有效，我真的感觉越来越轻松了，为此我准备了很多张纸"。所以，请务必进行尝试。

如果因工作中的某些事件而感到沮丧，你也可以尝试做一个简单的处理，比如当场迅速写下令自己感到沮丧的事件，把纸撕掉后随手扔进垃圾桶。

写下在脑海中盘旋的忧虑也有助于整理思绪。一旦清楚地了解自己不想做什么，就更容易注意到自己想做的事情，以自我为轴心。

在一张纸上写下所有让自己不愉快的烦恼或忧虑，之后把纸撕碎扔掉。

8 模仿明星大声说话，积极过好每一天

如果觉得自己的自我肯定感不足，可通过大声说话来提高自我肯定感。

你在问候家人、工作中的伙伴或者要拜访他人时，音量可以比平时稍大。这样一来，后续的交流与沟通会让我们感觉更加舒服，交流动力也会随之增加。

有些人不愿意主动与人打招呼，光是大声说"早上好"就需要一定的勇气。大声问候他人，在一开始可能会让周围人感到惊讶，但是，对你自己而言，这一定是一种神清气爽的体验，所以请务必进行尝试。

如果是在办公室，我建议你把自己当作明星，在开门时大声问候。

我们可以尝试像进入表演场地或准备登上舞台的明星一样精神饱满地进入办公大楼，沿着通往办公室的走廊一路前行，然后打开办公室的门，走到自己的座位上。当然，你也可以想

象自己正在被摄制组跟拍。

无论是才华横溢的企业家还是闪闪发光的职场精英，我们都可以扮演。让我们以一个令自己兴奋的角色开始新的一天。

一日之计在于晨。睡眠可以缓解身体和精神上的疲劳，以"今天也要加油啊"或"今天也要快乐地度过"这样的心态开始新的一天，将是最为理想的状态。只要以充满活力的心态和稳定的心情度过清晨时光，接下来的一整天就会变得非常充实。

然而，回顾我多年的心理咨询师生涯，我注意到，近年来早上醒来就感觉心里难受、烦躁的人数在大大增加。

清晨的心情可能会受到前一天的影响，早上采取的行动可以帮助我们摆正心态、调节情绪，让我们心情愉快、精力充沛。

有意识地大声说"早上好"，或像明星一样开始崭新的一天，这些生活小习惯足以让我们的一天变得更美好。

想象自己是一个明星，每天清晨有意识地、大声地问候他人。

9 养成赞美自己的习惯,摆脱自我厌恶

学会赞美自己能帮助我们确立以自我为轴心的生活方式。同时,养成赞美自己的习惯,对保持高度的自我肯定感、创造适合自己的人生也非常有用,所以请务必把这种习惯融入生活。

即使是人们通常认为理所当然的事情也没关系,我们可以尝试越来越多地赞美自己,如"早上按时起床了""在工作中愉快地与人打招呼了""把自行车整齐地放在了自行车停放区"等。正因为这都是一些生活中的小事,所以每个人都能够经历,并且很容易以此养成赞美自己的习惯。

当然,除自己的事情外,我们也应该认可和赞美自己为他人做出的努力,比如"我今天也给孩子做了午餐便当""我今天也把家务活做得很好""我倾听了同事的抱怨"等。

为养成赞美自己的习惯,我建议大家使用智能手机上的记事本功能。在事先确定的"乘电车回家途中""饭后在沙发上

休息时""入睡前"等时段,你可以回想一天中自己值得赞美的地方,并把它们写下来。

起初,我们可以决定"一天赞美自己五次",并严格按照计划执行。真正养成这样的习惯后,我们会越来越乐于发现自己身上值得赞美的闪光点。就算一天赞美自己几百次,也不会打扰到任何人。当一整天都处于自我赞美的状态时,陷入自我厌恶和以他人为轴心的时间就会减少。

严肃和讲究体面的人往往都会为自己设定很高的标准,甚至对自我赞美持抗拒态度。

其实,认可自己不需要任何理由,不需要任何评判标准,不需要任何条件。

想不出来要赞美什么,或者没有精力赞美自己时,请试着反复说十遍"我为自己感到骄傲,我做得很好,我很努力"。

通过自我赞美,我们可能会充满力量、如释重负或感受到明显的情绪转变,或许这不会给你带来立竿见影的效果,但别急,你的内心已经在默默发生改变。

赞美自己的话语会默默影响潜意识,影响自我肯定感,让你的心态在不知不觉中得到调整。

养成赞美自己的习惯,赞美自己的理由可以是小事,也可以没有任何理由。

10 创建自我奖励清单,感受幸福

自我肯定感不足时,我们总是会习惯性地照顾别人,却忘记照顾好自己。

所以,我们要知道什么能让自己快乐。请尝试想一想,每天做些什么能让你的身体和心灵感到快乐,实现怎样的目标可以让你感觉更幸福一点,并把答案详细地记录下来。每想到一个答案,你都可以添加到清单里,最终创建一个由几十个或者几百个项目组成的自我奖励清单。

例一:买一个期待很久的新款蛋糕回家。

例二:独自前往自己最喜欢的酒吧,和老板聊天。

例三:在书店买一本新书。

例四:使用比较昂贵的浴盐洗澡。

每天早晨或午休时,你可以查看此清单,选择"今日奖励",并在一天中的特定时间兑现奖励。你对下班后闲暇时间的期待会发挥激励作用,让你的工作更加高效。

我还建议根据可能发生的频率对奖励事项进行分类，具体如下：

每天都可以做的事（建议列出 200~300 件）；

一周左右可以做一次的事（建议列出约 100 件）；

一个月可以做一次的事（建议列出 30~50 件）。

学会欣赏自己和享受让自己快乐的过程，会提高你的自我肯定感。养成取悦自己的习惯后，会形成一种积极的能量，这种能量还会传播给周围的人，你可以因此看到自己的工作和人际关系所发生的变化。

列出让自己感到快乐的事，并奖励自己。

11 设定自我呵护日

以他人为轴心的人普遍都非常认真负责，他们认为关心周围的人是理所当然的，并且很难察觉到自己的疲惫。因此，对他们而言，有意识地休息、放松是非常重要的。

你也可以尝试每周拿出一天左右的时间进行自我呵护。

请尝试在那一天偷懒，或者花点时间去放松自己。

例一：提前下班，做自己想做的事。

例二：不带饭，花钱在外面吃午餐。

例三：偶尔化个淡妆去上班。

例四：将未完成的工作留到第二天再做。

例五：将午休时间提前十分钟。

同时，无论是在工作中还是在个人生活中，都要尝试呵护自己，不用在意他人的看法。因为你总是尽力而为，所以即使偶尔"偷懒"一次，也不会影响什么。

请相信，信任和呵护自己是以自我为轴心所必需的。如果能有意识地这样去做,你会明显看到自己的变化。

使用过这个方法的体验者向我分享他们的变化,他们大多感觉自己的视野变宽了,可以更加深入地认识周围的人。而此前,他们在察言观色并照顾他人情绪时,经常会有注意不到周围人的长处和想法的情况。但是,退一步,换个角度看问题,竟然获得了意想不到的新发现。

如果做得不好,自己会遇到麻烦、无法展现自己的存在、被讨厌……但在现实中你会发现,自己心中的这些恐惧和焦虑并没有发生。

学会放松自己后,你会感到更加轻松,并且喜欢上自己的情绪波动。换句话说,你将有望提高自我肯定感。

每周留出一天左右的时间来呵护自己。

12 坚持对自己宣告自己想要的东西

保持较高自我肯定感的一个好方法是养成将自己的愿望表达出来的习惯。

自我肯定感低的人往往会为他人着想,并不清楚自己想要什么或想做什么。他们认为诚实地说出自己的愿望是对他人的一种打扰,并倾向于成为缺乏自我意识的"无欲之人"。然而,人们往往不知道无欲之人在想些什么,也不知道如何取悦他们,所以无欲之人并不能总是得到别人的好评。

对于这些人,我会建议他们在镜子前进行排练。具体来说,就是站在镜子前大声说出:"我想要……!""我想做……!"请每天利用化妆、洗澡、刷牙、吹头发的时间,或工作间隙练习一分钟左右。省略号的部分可以随意填入内容,如物品、金钱、邂逅、旅行等。

每天坚持这样做,我们将知道自己喜欢什么、想要什么,养成把自己的愿望说出来的习惯。

如果能一边看着镜子中的自己，一边重复那些宣言，你会觉得自己在决定自己的人生。也就是说，你的自我肯定感会提高，能够真正做到以自我为轴心。

如果你现在很迷茫，不知道自己想要什么或想做什么，也不要自责。一旦养成了对着镜子思考自己想要什么的习惯，你在日常生活中就会变得更加机敏。你会开始意识到，"我想去曾在电视剧中看到的那家餐厅""我想要某位女明星同款的那条裙子"等。

如果平时花费在电脑和互联网上的时间比较多，你也可以直接在博客和社交媒体上发布自己想要的物品和想做的事。哪怕将自己发布的内容设置为对他人不可见也没关系，因为你已经通过这种方式表达了自己的梦想。

请尝试坚持表达自己的内心感受，提高自我肯定感。

每天对着镜子宣布自己想要什么、想做什么。

13 建立主语是"我"的意识

想要提高自我肯定感,以自我为轴心,时刻注意"我的信息"也是非常有效的方法。这意味着我们需要在与他人的谈话中注意以"我"为主语。

日语是一种可以在没有主语的情况下,通过语境推测主语并进行对话的语言。因此,日本人总是不自觉地以他人为轴心。以他人为轴心的人,过度关注他人的脸色,会经常进行责任不明确的"无主语对话"。

有些人还会用第三人称作为自己说话时的主语,习惯于谈论与自己最亲近的人,如"他会怎么想""他的要求很高",不自觉地站在主从关系中的从属方,被人牵着鼻子走。

因为表述中的主语是模糊的,所以有些人谈论其他人时就像在说自己的事情一样。比如,有人在听到"上周去医院做了检查,从那时起,就一直感到焦虑……"的表述后,对发表该言论的当事人的健康状况深表关心,可对方后来又说"不是我，是我妈妈"。这个案例中的那位讲述者所采用的正是以他人为轴心的态度。

为防止这种情况发生，并加强以自我为轴心的生活方式，每个人都应该养成以"我"作为主语的习惯。

例如，被问及"你今天想出去喝一杯吗"时，不要说"今天不去了"，而要说"我今天不去了"。此外，在工作中也应该尽可能多地用"我"作为主语，如"我希望能得到客户的好评""我将努力做好我的演讲"等。

即使是自言自语，或者在心里默念，我们也要尽量用"我"作为主语，如"我非常想见他"或"我晚饭想吃鱼"等。

回忆一天的活动时，我们也可以尝试在具体内容前加入"我"。例如，"我今天错过了一班车。但是我在便利店买到了我最喜欢的便当，而且我认为我今天下午的演讲表现得相当好"。

说话时以"我"为主语，可以更容易与他人划清界限，并确认自己的希望、抱负和意图。这将使我们能够以自我为轴心。

无论是自言自语，还是跟他人谈话，都要以"我"作为主语。

14 通过指差确认，避免随波逐流

指差确认是一种安全动作，用手指指着容易出错的差错点进行确认，以便降低人为犯错的概率。我们可以通过指差确认的方法，建立以自我为轴心的习惯，即采取某项行动时，我们可以像列车司机或乘务员一样，通过手指动作来确认自己的意图。在便利店的饮料区，我们可以指着咖啡，确认自己想喝咖啡，之后再拿咖啡给收银员结账。在餐厅，我们可以指着菜单确认自己今天想吃的套餐后再点餐。即使在晚上看电视时，我们也可以指着电视说："现在我要看的是某某出演的电视剧。"

如果害怕被人看到，你也可以在心里想象自己做出了这个动作，但如果是在家里，请一定要像一名列车司机一样进行指差确认。

如果能尝试去做，你会发现指差确认是很累人的。如果没有这种意识，你很快就会忘记。每个人都有一定的惰性，以至于通常会莫名其妙或随心所欲地采取行动，很容易随波逐流。

在确认的过程中，你有时可能会产生疑惑。在前面的例子中，你可能会问自己，"我现在真的想喝咖啡吗？"你也可能意识到，其他人都说要点某个套餐，所以自己才会做出同样的选择。当然，可能有人会觉得每次都要考虑自己的意图也是一件很麻烦的事。

可见，以自我为轴心的确存在一定难度。

有人可能会想："吃喝这种事情就算随波逐流又能怎么样呢？"如果这种态度成为一种习惯，你就会无法真正做到以自我为轴心。为此，你可能会出席自己不想参加的酒会，或者从事没有意义的工作等。

如果觉得自己太容易被别人影响，无法摆脱焦虑的状态，可以尝试进行指差确认，并在日常生活中反复练习。在不断确认自己的意图和意愿的同时，找到适合自己的生活方式。

在行动时，通过指差确认，自己的意图将变得清楚而明晰。

15 与自己对话，活在当下

与自己对话可以让我们建立自我意识。

以他人为轴心的人容易被周围的环境困扰，没有自我。此外，他们还会被时光的洪流裹挟。

只有将时间花在自己身上，我们的心才会得到满足，让内心长时间地拥有充实感。因为，为别人花的时间只能为别人带来满足。晚上睡觉前你可能会发现，自己每天忙忙碌碌，却不知道自己在做什么、为了什么，这是因为你无法真正做回自己、体味自己的人生。

为避免出现这种情况，你要意识到，当下就是自己生命中最重要的时刻。

我们只能生活在现在。与其关注自己无法控制的过去、不知道会发生什么的未来，以及无从了解的其他人，不如定期确认此时此刻的自己，与自己对话。

比如，你可以对自己说：

"我现在最想做的事是什么？"

"这几天有点忙，我想休息一下。"

"看完这些资料之后，我要去咖啡店买一杯拿铁咖啡。"

"收到！"

进行自我对话意味着你可以客观地看待自己，停止自我意识过剩。

令人惊讶的是，我们很难在忙碌的日常生活中意识到当下的自己是什么模样。所以我的建议是，将"我现在想做什么？""我是否活在当下？"等问题呈现在目光所及之处。

你可以让这些话出现在智能手机的待机屏幕上、冰箱门上、卧室门上、笔记本封面上、钱包里等自己每天都会看到的地方，定期提醒自己。

通过这样的习惯进一步认识到"现在"和"自己"后，你将变得不那么容易动摇，并且可以更加坚定地以自我为轴心。

经常问自己："我现在最想做的事情是什么？"

16 养成写好事的习惯,提高幸福感

长期以来,日记一直是一种自我心理调节的工具。而想要提高自我肯定感,写好事日记也是个非常好的方法。

操作很简单。在好事日记中,你可以写积极向上的事,如快乐的、令人愉快的、鼓舞人心的、使自己感到幸福的事情等,也可以写你已经给予肯定的任何事,如"早上顺利坐上了电车""喜欢公司食堂每天更换的菜单""在附近看到一只可爱的小狗""收到了自己关心的人的信息"等,哪怕只是一些小事,你也要坚持记录。

你也可以事先决定每天在什么时间写好事,例如在回家的路上或洗澡后等。最重要的是,你要用轻松的心态去记录美好的事情。

如果略有健忘,你也可以尝试在每次萌生积极情绪时,通过智能手机进行记录。记事本和日历软件都可以用来写好事日记,所以请找到一款你喜爱的软件来帮助自己养成写好事日记

的习惯。

写好事日记的习惯将提高你发现幸福和快乐的能力。届时，你还会养成在日常生活中关注让人感到幸福的事物的习惯，提高对幸福的感知度。

除了日常生活中让自己感到快乐的事情之外，你还可以在好事日记中写一些赞美自己的话，从而有效提高自我肯定感。

在自我肯定感较低的状态下，我们往往会关注自己的缺点和日常生活中发生的不好的事情，但好事日记可以改变个人意识的焦点，因此记录美好事物对于终止某些消极习惯而言也很有用。

你可以先尝试一个月，每天坚持写好事日记。我相信你会发现，与以前相比，自己能以更愉快的心情面对生活。这也是自我肯定感不断提高的证据。

养成坚持写日记的好习惯，记录积极的事情。

17 写感谢信,摆脱罪恶感

自我肯定感是指对真实自我的认可和肯定。这可以被描述为一种完全肯定的状态,阻碍我们体验这种感觉的因素中,最常见的就是罪恶感。

罪恶感的对立面是感恩,它能够最大限度地减少我们的罪恶感。"谢谢"一词中没有任何否定的含义。感谢他人意味着接受对方的好意,这不仅可以提醒自己曾被别人爱过,还能给自己带来幸福感。

下面我要向大家介绍,如何通过写感谢信摆脱罪恶感。

请回忆所有与你有过交集的人,给其中的某一个人写一封感谢信。不管内容多达几页,还是只有寥寥几行,都没有关系。你可以给同一个人写很多封信,比如你最好的朋友、伙伴或家人等。你也可以给学者、偶像等在困难时期给予你精神支撑的人写粉丝感谢信。

不要想太多,请尝试选择自己脑海中第一时间浮现的那个人。

如果可能的话，我建议大家尝试每天写一封感谢信，并坚持一个月左右。如果不擅长手写，你也可以使用电子邮件或社交网站。快的话，你在第三天就能开始感受到积极效果。

你不一定要把这封信交给收信人，但如果你的内心并不抗拒寄出这封信，也可以尝试把它送到收信人手中。光是写一封信，就足以让人感觉轻松、温暖、快乐。一旦真正寄出信件，大多数情况下，收信人都会给予使寄件人深感幸福的反馈，而这会让你更加感激对方。

感恩是最好的疗愈能量，借由感恩，你将可以减少罪恶感、无助感和孤独感，从而治愈自己。也有一些体验者选择感恩现在的自己，因此，他们还会给自己写一封感谢信。

长期否定自己的人通过感恩了解了完全受到肯定的感觉后，会意识到自己值得被爱，对待周围人的方式自然也会发生变化。如果能以这种方式建立和谐顺畅的人际关系，你的自我肯定感也会提高。

给突然在脑海中闪现的人写一封感谢信。

18 树立"这就是我"和"这也是我"的态度

为提高自我肯定感，我们需要正视自己，肯定自己的优点，承认自己的缺点。全面认可自己的诀窍是：树立"这就是我"和"这也是我"的态度。

日常生活中，当我们发现自己身上的优点时，请尝试在心中默念："这就是我。"工作出色时、得到称赞时、成绩上升时，你也可以尝试对自己说："这就是我！"

反之，如果发现自己有什么不好或让自己感到不愉快的地方，则可以在心里默念："这也是我。"即使遭遇失败或被人责骂，你也要高喊："好吧，这也是我。"通过"这也是我"接受自己，你就可以停止否定自己。

下面我将介绍一个具体的案例。假设某人要向商业伙伴做一个演示，所有材料准备就绪，他也顺利地完成了演示。突然，对方问了一个令人意想不到的问题，他脑子里一片空白，忙不迭地回答："我将另行为您做出答复。"在回家的路上，他情绪低落，埋怨自己"准备得不够充分""给上司和下属添麻烦了""给生意伙伴留下了不好的印象"。

为提高自我肯定感，我们需要认可自己的努力和成功，告诉自己"这就是我"。在上面的例子中，自然流畅地完成了演示、事先做好了万全的准备、没有含糊地回答问题等，都是那个人身上的闪光点。针对这些表现好的部分，他完全可以给予自己表扬，而不是将其视作理所当然。

同样，如果自己没有获得成功，我们也要接受自己。例子中的那个人没有立即回答客户提出的问题，但即便如此，他也应该告诉自己："这也是我。"

如果你感觉这很难，那就以认可"不够好的自己"为目标，和自己对话，比如"我不能接受这样的自己，但这确实是我"。

如果能接受同时存在好坏两个方面的自己，就能提高自我肯定感。

通过"这就是我"肯定自己的优点，以"这也是我"接受自己的缺点。

19 通过对自己说"我很可爱",消除所有的不愉快

无论怎样呵护自己,都难免会遇到让自己感觉不愉快的事情。在这种情况下,用一句"我很可爱"就能够有效消除你当时不愉快的情绪。

请想象一下,"喝水时不小心打翻了杯子""出门后发现忘记带手机,不得不回去取""没有买到自己喜欢的口味的咖啡"。在这些情况下,自我肯定感不足的人可能会感到沮丧,并说"我真倒霉""都怪我""只有我不走运"。有些人认为,不值得为这些小事而感到抑郁,但他们仍然会认为自己不走运,并因此而痛苦或愤怒。总之,他们会被这些小事影响原本的好心情。

这时,我们要敢于"强词夺理"。比如,我们可以对自己说:

"没办法,我太可爱了。"

"都怪我太可爱了,所以今天一直都不走运。"

"我太可爱了，所以厨师才会精心为我烹制美食。"

"我太可爱了，所以楼里的工作人员才不舍得让我回家。"

完全没有事实根据的理由也同样适用。比如：

"我太可爱了，所以今天才没什么精神……"

"我总是存不下钱来。但是我太可爱了，这也是没有办法的事。"

你可能会认为这样做简直是在开玩笑，但笑是最好的疗伤工具。欢笑的时刻越多，我们的表情越轻松，内心就会越强大、越有活力。

我还建议大家养成每次照镜子时放空自己的习惯，在心中对着镜子里的自己说："哦，我看起来真漂亮！""我今天看起来真不错！"在每次照镜子时，自我肯定感低的人都会条件反射般地寻找自己的问题。因此，养成上述习惯也可以帮助我们消除消极的自我暗示。

如果能养成尽可能多地爱自己的习惯，而不是因为一些小事而沮丧，我们的自我肯定感就会提高，同时也能让自己的日常生活轻松很多。

对不喜欢的事物给出一个强有力的理由——"我很可爱"。

20 工作内容可视化，保持自己的节奏

由于不会拒绝别人，所以无论是在工作中还是在个人生活中，自我肯定感低的人都经常会被压得喘不过气来。

正是因为周围人不了解自己的难处，所以才会导致自己被分配到超出自身能力范围的工作。自我肯定感低的人不会抱怨，在被要求接受新的工作任务时也不会拒绝，所以往往被形容为"游刃有余"或"能力非凡"。

我推荐的方法是让自己的工作量可视化。

每天早上，我们可以在家中的冰箱或客厅的白板上写出当天的任务，并在完成后标记或擦掉相应的内容。写在白板上的内容可以是自己当天要做的所有事情，比如倒垃圾、做便当、清洁水槽、去超市购物等。

工作中，我建议大家把自己的工作内容写在便签或纸条上，并将其贴在电脑屏幕的边缘或办公桌上，每完成一项工作就扔掉相应的便签或纸条。随着工作的推进，清晨被贴满便

签的办公桌会逐渐恢复原貌，这也能让我们感到充实且有成就感。

最近，一些公司会在云端共享员工的工作内容。如此一来，员工本人和周围的人都能够看到各自的工作量。我认为这是个不错的方法。

写下工作内容可以让我们对自己的能力进行客观的评估，判断自己是否还能承接其他工作。即使有人提出不合理的工作委托，我们也能有充分的理由予以拒绝。

通过工作内容可视化，别人可以看到我们的工作安排，我们就有了拒绝的明确依据，这也更容易说服他人，如"由于自己工作繁忙，无法再胜任其他工作"。

即使不拒绝，我们也可以要求调整工作安排，如"我觉得下周可以"，或者要求其他人协助。

不去担心工作是否可以按时做完，能让我们把注意力完全集中到自己的工作上。自行控制工作量，不被他人左右，能让我们充满自信，并从中获得自我肯定感。

写下自己的工作内容，让周围的人看到。

21 愉快地表达痛苦，让人际关系更加舒心

培养用积极的语言表达自身感受的习惯，也可以提高自我肯定感。自我肯定感低的人由于对外界敏感、善于关心他人，所以经常因长时间被周围的人忽略或随意对待而感到委屈，并为此感觉自己压力很大。

终有一天，自我肯定感低的人会达到自己承受的极限，情绪爆发，他们可能会说"我明明已经很努力了！""我也很累！"或是突然泪流满面，这往往会让周围的人感到惊讶。

宣泄压抑的情绪本身并没有错，但如果以这样的方式进行，会让我们在人际关系中留下遗憾，最重要的是，那还可能会成为影响我们未来生活的因素。

虽然自己这一次爆发是由小事引起的，但其实自己之前的感受一直没有被顾及，内心累积了非常多的不满。但周围的人却没有意识到这一点，并因此认为是你有些无理取闹，不了解你的人甚至会对你产生不好的印象。

因此，在影响到人际关系之前，要尽快养成表达自身感受的习惯，提前终止不良情绪累积的恶性循环。在表达的过程中，注意掌握正确的说话方法，保持坦然开朗的态度。

具体来说，我们可以尝试采用以下表达，如"我很棒吧？""我真的很难……""我尽力了，表扬表扬我吧！"等。只要面带笑容并愉快地进行表达，就不太可能给人留下严肃而沉重的印象，并且更容易得到对方肯定的回应。

如果无论如何都无法对别人说这些话，你也可以先通过自言自语的方式对自己说"我真的做得很好"。通过一遍又一遍地重复，慢慢地，你会觉得对于类似的表达已经得心应手，并且可以非常自然地向他人进行传达。

请记住，除非自己尝试表达出来，否则别人将无法了解你的感受。把自己的感受表达出来，你会感觉舒服很多，更容易以自我为轴心。

沟通是一项技能，即使不成功也不要灰心。自我肯定感低的人善于感知他人的感受，但在表达自身感受方面，只能说是初学者。起初，即使只是简单的表达，也请对自己说"做得好"并给自己掌声。

如果感到有压力，不要憋在心里，要以积极、乐观的心态进行表达。

22 不要在意别人，防止过度察言观色

如果平时对别人的情绪比较敏感，请尝试告诉自己"不要在意别人"，这个方法可以帮助你在不降低自我肯定感的情况下生活。

自我肯定感低的人，很难改掉当老好人的习惯。他们认为这样的行为是"正常"的，且不能清楚地认识到自己的问题。

随着生活压力的不断增加，你可能会对人际关系感到疲惫，发现自己处于"不想再这样下去"或"不愿与人交往"的状态。

要改变这种状态，你更应该以自我为轴心，敢于反复向自己抛出强硬的话语，如"不要在意别人"。

这是一种自我暗示，会在潜意识中发挥作用。但它并不意味着，你必须有意识地采取一些会给他人造成麻烦的言行，所以不要担心。

如果能重复"不要在意别人"这句话，并逐渐让它深入自

己的内心，那么你待人接物的方式就会改变。

下面我将举例说明。这是一位非常关注周围环境并把自己逼入绝境的女性的故事。为确立以自我为轴心的生活方式，那位女性一直在心里重复"不要在意别人"这句话。

有一次，她被要求在工作中完成一项非常艰难的任务。如果是在过去，她早就答应下来并且硬着头皮去做了。

但这一次她大胆地拒绝了，第一次说出了"我做不到"这几个字。那之后，对方也没有再强求。她由此知道自己有权说"不"，这件事给了她很大鼓励，她自此开始努力以自我为轴心生活。

平时经常对自己说"不要在意别人"。

23 养成"索取""请求"和"撒娇"的习惯

敢于养成"索取""请求"和"撒娇"的习惯,也是保持高度自我肯定感的必要条件。

如果认为"我可以自己做这件事,但如果别人帮助我,会更容易、更有效",那就不要自己一个人做,想一想别人能帮助你些什么,把机会给别人试试。

我在前文中提到过,理想的人际关系类型是相互依存。

自我肯定感高的人,能更好地建立依赖和被依赖的关系,反之亦然。如果能在有需要时依赖他人,你的人际关系将有望变得更加轻松,同时这也能提高自我肯定感。

然而,关心别人的人,不太会"索取""请求""撒娇"。如果你认为"让别人做,可能会给人家带来麻烦"或"自己做会更快",那么你就要小心了。这说明你已经习惯了什么事情都一个人独自承受。

只照顾别人且从不麻烦别人的人,可以得到周围人的信任，并获得"那个人还不错"和"工作能力强"等评价，但这种人被人牵着鼻子走的情况也不少见。越多的人认为你是"了不起的人"，就越不会有人向你伸出援手，你也将很难与他们建立相互依存的关系。这样下去，无论发生什么事你都习惯性地单纯依靠自己，不给自己留后路，别人也会认为你做那么多是理所当然的。事实上，你付出的越多，越得不到相应的回报。所以，养成"索取""请求""撒娇"的习惯很重要。

"索取""请求"和"撒娇"绝非只有消极的一面。依赖他人会让对方充满信心、认识到自己存在的价值，并且有机会体会到做一个有用之人的乐趣。

如果对方是晚辈或下属，这就相当于是在培养他们。通过"索取"和"请求"，你会和他们走得更近，从而改善工作氛围。

就这样，学会适当地宠爱自己，你会变得更善于依赖和被依赖。可以说，"索取""请求"和"撒娇"就是培育人际关系的营养素。

可以请别人帮忙做的事，就不要勉强自己做，适度依赖他人。

24 独自出行，提高自我意识

衡量一个人是否"以自我为轴心且与他人相互依存"的一个指标是能否独自前往饭店或电影院。

"一人独处，别人会怎么看我？"如果因为担心独处时别人对自己的看法而无法自得其乐，那么你就有可能处于以他人为轴心的状态——太在意别人的眼光。

的确，独自坐在众多客人之中，多少会有些不自在。但是，如果能迈出第一步并逐渐习惯这种模式，你就能在用餐的同时享受独处时光。你可以沉浸在自己的世界里，可以随心所欲地吃自己喜欢的食物，有时还可以享受与店主和周围顾客的交谈。如果能在这种情况下与他人进行交流，新世界的大门就会逐渐敞开，而你也会从中获得自信。

此外，即使独自前往，在饭店或电影院的你也不是一个人。店里总会有店员和其他顾客，所以你也可以算是那个环境中的一员。从这个意义上讲，你并没有完全把人拒之门外。因此，一个人在外就餐与独自在房间里就餐的状态可以说是完全不同的。

"融入集体，保持自我"可以说是一种理想的相互依存的状态。换句话说，你既可以独立，又能在保持适当距离的前提下与周围的人进行交流。

独自进行的娱乐行为是培养自我意识的方式之一。

你还可以选择独自去咖啡馆或商场。如果你能在自己觉得恰当的时机放松地与店员交谈，同时按照自己的节奏用餐、阅读或者试一试衣服，你将变得更加自信、成熟。

可以单独前往有可能与其他人发生对话的场所，这通常可以检验一个人是否以自己为轴心。

如果能保持自己的节奏，不在这种地方迷失自我，你就能磨炼自我意识，保持高度的自我肯定感。因此，请务必把这种尝试融入自己的日常生活中。如果能在公司或自己家以外找到一个让内心保持宁静的场所，将有助于减少压力，保持良好的精神状态。

独自娱乐吧，享受自己的生活。

25 养成赞美伴侣的习惯

对于想以自我为轴心开展育儿活动,或想提高孩子的自我肯定感的人,我还建议他们写夫妻交换日记。

请尝试写下对方的优点,以及自己喜欢和欣赏对方的地方,彼此之间相互传阅并坚持一段时间。当然,这只是夫妻之间的日记,不需要给孩子看。

"今天的汉堡很好吃""她早上在家门口目送我了""我让他去买自己忘记买的食材,他真的帮我买回来了"等,请尝试写下对方做的任何一件让自己开心的事情,即使是自己一直觉得理所当然的事情也没有关系。

对一部分人来说,写夫妻交换日记可能是一件令彼此感到非常尴尬的事情,或者自己想这样做,但伴侣却不配合,或是自己根本就不善于写日记。

如果是以上这些情况,请尝试采用每两天互相赞美对方两分钟的方法。

将智能手机的计时器设置为两分钟，做好准备之后，妻子先开始赞美丈夫。这时应尽可能多地提及自己能想到的事情，比如丈夫工作努力、热心地照顾孩子、很有趣、不抱怨等。

妻子赞美完丈夫后，就轮到丈夫赞美妻子了。赞美妻子的话语中可能包含关心孩子、工作勤奋，以及把自己打扮得光鲜亮丽……

虽然存在个体差异，但一般来说，男性比女性更不善于赞美他人。因此，我建议夫妻之间采用这种方法赞美对方时，首先由女性开始。男性在得到赞美后，将更容易在对方的激励下去称赞对方。有些人刚开始可能一句话也说不出来，在这种情况下，请耐心等待，不要催促对方，告诉自己，他（她）正在考虑如何赞美自己。

夫妻之间的积极沟通可以建立坚固的家庭纽带，并直接影响孩子。如果父母的自我肯定感通过这种方式得到提高，自然也会对子女的自我肯定感产生积极影响。

在夫妻之间养成赞美对方的习惯。

26 了解家人的五种角色

加强家庭纽带有助于提高父母和孩子的自我肯定感。

众所周知,有角色分工的组织往往运行良好,公司也是如此。以下便是组织结构中的五种角色。

主角是组织中的领导者。他们有时会偏离领导者的角色,为了坚持正确性而批评周围的人,这可能会直接导致发生冲突。

牺牲者就像是慈祥的家人,在幕后支持着自己的家庭,是每个人都会依赖和咨询的对象,他们往往会牺牲自己,也忍受了很多。

旁观者会在离家人不远的地方,冷静地看着他们,并迅速发现问题。他们可能不会进入家庭这个圈子中,有时就像是一个虚幻的存在。此外,扮演这一角色的人过于冷酷,有让人难以捉摸的一面。

问题儿童(跟屁虫)会把家人的问题扛在自己身上,也会给家人带来不便和烦恼。然而，扮演这一角色的人会让每个家庭成员意识到自己的问题。

魔术师是家庭中的开心果，是受人崇拜的偶像。他们即使严肃地表达了自己的意见，周围的人也不一定会接受。这类人总是被当成小孩子对待，因此很难建立自信。

例如，一个家庭中的孩子是"问题儿童"，会不断制造麻烦，实际上在其背后可能有一个隐藏的问题，即父母不和，而孩子只是通过制造麻烦把这个问题表现了出来。

即使已经因为孩子的问题而几近失控，但作为"领导者"，母亲仍然会拼命地把家人凝聚在一起。即使父亲看似不为家庭服务，但有时作为"旁观者"，也能给出客观准确的意见。

在组织当中，一个人可能同时担当多个角色，这让我们可以从不同的角度看待他人。请相信，只要每个角色都发挥自己的优势，就一定能构建一个好的组织。如果你也有家庭问题，请务必以此为参考，着力解决问题。

了解团体成员的五种角色，并将其应用于家庭关系。

27 了解表达爱的多种方式

我曾说过,家庭纽带对保持高水平的自我肯定感很重要。想要建立坚固的家庭纽带,表达亲情是必不可少的。

都说日本人不爱表露自己的喜怒哀乐,事实上,我们通常会以许多不同的方式表达自己的感情。在此,我将介绍八个具有代表性的行为:

一是用积极的语言表达来进行情感沟通;

二是身体接触;

三是挣钱,料理家事;

四是照顾;

五是迎合、追随他人;

六是担心;

七是注视;

八是支持。

许多人会把第一个行为和第二个行为与亲情的表达联系起

来，但许多父母理所当然地认为，第三、第六和第八个行为也是重要的亲情表达。

在像家庭这样亲密的关系中，人们的情感表达出奇地困难。

这就是为什么我们每一个人都要思考一下："自己是如何把心中的爱表达出来的？""伴侣是如何表达爱的？""自己的孩子是如何表达爱的？"

你可能会注意到，即使他人并未提出要求，你也会以自己的方式表达爱意。父亲可能会告诉自己的孩子："妈妈可能看起来一直在生气，但她爱你，因此她才会每天细心照顾你，辅导你做家庭作业。"

情感的表达可以增进家庭成员之间的信任和感情联系，从而加强家庭的凝聚力和稳定性。要使所有家庭成员都能保持高度的自我肯定感，这是一个需要关注的关键点。

注意每个家庭成员如何表达情感。

总　结

如果有糟糕的事情发生

- ☐ 脚踏实地
- ☐ 深呼吸
- ☐ 改变身边环境
- ☐ 感受朝阳和清新的空气
- ☐ 专访自己
- ☐ 想象自己"卸下铠甲"
- ☐ 把自己不想做的事可视化

日常生活中的小窍门

- ☐ 清晨要有像明星一样的心态
- ☐ 赞美自己
- ☐ 自我奖励
- ☐ 享受自我呵护日
- ☐ 对自己宣告自己的愿望
- ☐ 用"我"做主语
- ☐ 指差确认
- ☐ 与自己对话
- ☐ 好事日记
- ☐ 感谢信

最强大的口头禅

- ☐ "这就是我""这也是我"
- ☐ "我很可爱"

工作和人际关系

- ☐ 工作内容可视化
- ☐ 愉快地表达痛苦
- ☐ 不要在意别人
- ☐ 依靠他人
- ☐ 独自出行

家庭纽带

- ☐ 夫妻互相称赞
- ☐ 家人的五种角色
- ☐ 表达爱的多种方式

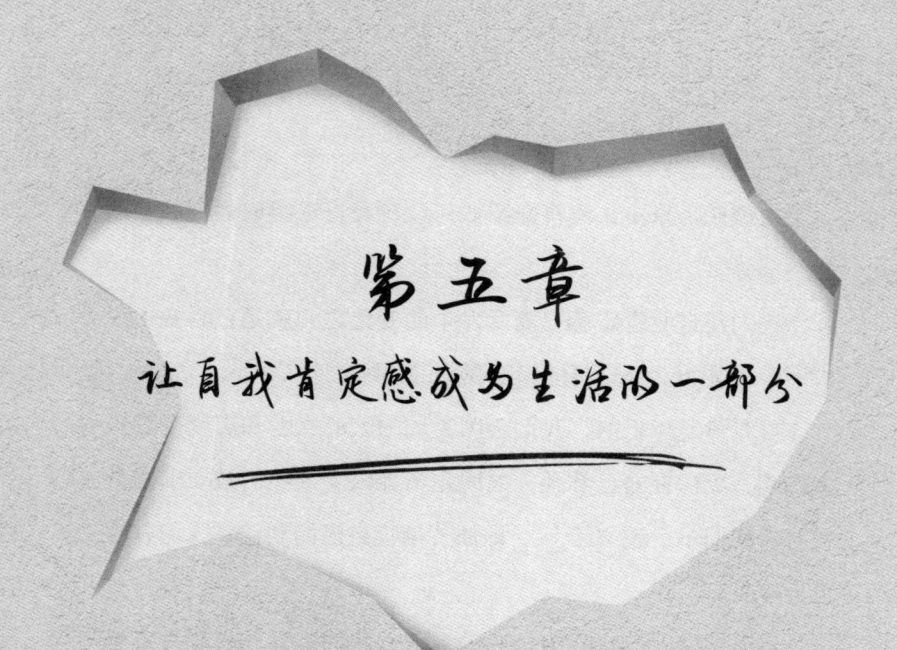

第五章
让自我肯定感成为生活的一部分

1 学会说"不"

在最后一章中,我将介绍如何让自我肯定感成为自己生活的一部分。

我们在自我肯定感提高后发生的变化之一就是,具备了说"不"的能力。而这可能影响我们的人际关系。

自我肯定感低时,我们会因为周围人的感受和态度受到极大影响,无法在自己和他人之间划清界限。当我们被要求做某事时,我们不会说"不"。即使要牺牲自己的利益,我们有时也会接受。

然而,随着以自我为轴心的生活方式的确立和自我肯定感的提高,我们会更重视"自己想做什么",而不是"别人对自己的看法"。因此,我们将逐渐学会对让自己感到不舒服的事情说"不"。

正是因为我们可以在对方和自己之间划清界限,确保彼此之间保持适当的距离,所以我们才更容易表达自己的想法。

知道可以说"不"后,我们就有更多的时间来发现自己想做的事情和自己的价值。我们还会意识到,周围的人是愿意为自己提供帮助的。我们因此能够退后一步,看清全局。这往往会使周围的人改变对自己的看法,我们也会在组织内扮演与以前不同的角色。

无论是公事还是私事,哪怕只是小问题,也不要试图独自解决。

善于倾听不同人的意见,能为我们提供从未有过的视角。因此,这并非一种耻辱,而是为人处世过程中最好的态度。因为通过向他人请教来解决问题是很常见的。

如果真的很难向周围的人开口,请尝试利用匿名咨询电话或在 SNS 上发帖寻求帮助。如果我们能勇敢地向他人求助,一定会有人伸出援手。

我们要主动披露自己的弱点,尽可能多地争取盟友,并通过尽可能多地建立相互帮助的关系,为自己营造一个更容易说"不"的环境。这种朋友的存在可以使我们独特的人生大放异彩。

建立可以说"不"的关系。

2 给别人拒绝的机会

有高度的自我肯定感时,我们不仅自己能够说"不",而且会愿意给他人说"不"的机会,从而建立起彼此相互信任和奉献的关系。

如果你的自我肯定感不足,向他人提出要求或建议时,内心会抱有过高的期望,害怕自己被拒绝。你在觉得自己的期望可能得不到满足时,不仅会变得不耐烦,甚至会想要控制对方。在这种情况下,对方会觉得自己被胁迫,因此无法对你产生信任。

建立信任的基础是听,而不是说。如果能倾听并尊重他人的想法,对方就会认为"有人接受了自己""有人正在努力理解自己",从而向你敞开心扉。

随着自我肯定感的提高和相互依存关系的成功建立,你将能够毫无畏惧地接受他人的行为并准确地做出回应,而不会把自己的观点强加于人,或是评判、控制、指挥、否认他人,搞破坏。

换句话说,这就像是投捕练习的最佳状态。你可以接住对手的球,并投出一个对方很容易接到的球。提出要求或建议时,你能够适当地倾听,同时给别人留下说"不"的余地。

人与人之间的互相依存是一种非常灵活的关系。在自立的同时,你可以与他人相互信任、相互给予,且不过分自满。

你也可以在"自己能做的事"和"自己不能做的事"之间划清界限,找到能做自己力所不及的事的人,即合作者。

例如,你可以从"我因为……而走投无路了,你能帮帮我吗"的角度提问。被委托的对象可以发挥他的能力,从而令彼此双赢。

让他人可以毫不犹豫地说"不",会让其产生自身想法被人接受的感觉,这是建立信任关系的基础。

听取他人的意见,允许对方说"不"。

3 让感知力成为一种优势

自我肯定感提高后，我们将能够以自我为轴心，而对他人感受敏感的能力也会变成一种无与伦比的力量。

以他人为轴心时，你感知他人的能力像是一种责任，会让你自己感觉到压力和疲惫。

然而，能够以自我为轴心后，除面对自己的感受外，我们还可以将自己的关注点转向给予。

可敏锐地捕捉他人感受的人，能够为员工和客户提供他们想要的东西，并创造他们喜欢的空间、系统和产品。

对他人感受敏感并且能够共情的倾听能力十分难得，咨询师、教练和顾问等负责解决客户问题的职业都很需要这种能力。

如果你发现并利用了自己的能力优势，可能会有那么一刻突然意识到自己喜欢与人互动。此时，请思考以下问题：

为什么我总是考虑别人的感受？

为什么我会察言观色并抑制自己的想法？

为什么我会在他人身上花费大量的时间和精力？

为什么我能够敏锐地察觉别人的感受？

自我肯定感低时，我们可能会回答，"因为我对自己没有信心"或"因为我害怕被人嫌弃"。

从另一个角度看，不想被人嫌弃，也是我们喜欢与人互动的证据。也许正是因为我们觉得某人值得自己无私地付出，所以才会在他身上花费这么多精力。

真正的喜欢是一种自然的情感，来自内心深处。它因爱而生，比焦虑或罪恶感更加强烈。我们可以尝试大声告诉自己"我喜欢与人互动"，并以积极的方式发挥自己的能力。

把自己的敏感和细腻作为自己独特的能力。

4 拥有被讨厌的勇气

许多人都经历过从以他人为轴心到以自我为轴心的转变。一旦我们不再顺应他人，之前通过迎合他人建立的人际关系可能会崩溃，因此，有些人失去了以前结交的朋友，有些人在工作关系中遇到了困难。"我曾把对方放在第一位，所以我们才能成为朋友。"随着人们越来越诚实地表达自己的感受和意图，和曾经的朋友渐行渐远会是人际关系中常见的现象之一。

重拾自我的过程中，我们要明白，我们的变化越彻底，对人际关系就越容易感到焦虑。

有些人可能会因此想换工作、与恋人分手、更新人际关系网，甚至搬家。

不过，别担心。

那些因为你的迎合而与你做朋友的人可能会离开，但认同你的真正价值和魅力的朋友则会为你的这种改变而感到高兴，保持与你的朋友关系。朋友的意义不在于你拥有多少个朋友，而在于有多少朋友能够一直留在你身边。

不论是工作还是爱情,都可能会出现这样的情况。只有恢复自我意识、提高自我肯定感,才能看出谁对你是真心的。

如果因为人际关系不好而经常感到焦虑,甚至怀疑因为自己不好而被讨厌,那便是你重新以他人为轴心的信号。

这种情况发生时,你可以尝试告诉自己:"即使被讨厌,也要有勇气做自己。"

我们要有被讨厌的勇气,做任何事情都不需要牺牲自己。你可以重温之前讲过的内容,再次进行自我暗示,告诉自己"被讨厌也没关系"。

如果有话要说,你就说出来。别人如何看待取决于别人。有些人想要离开就离开吧,你只需要珍惜那些真正爱你的人。请尝试下定决心,为自己打造一个新的世界。

即使人际关系紧张,也不要因此而放弃。

5 学做一个"无所谓"的人

以自我为轴心来提高自我肯定感的过程中，可能遇到一些情况，让我们感觉自己变得非常冷漠。

如果可以真正重视自己的感受，你会做出一味顺应他人时从未做过的事情，比如清楚地表达自己的意见而不会被上司吓到，在没有时间的情况下拒绝他人的请求或委托，避免参加令自己感到不适的聚会，按照自己的节奏高效地完成工作，下班时不去在意周围人的眼光，等等。

不要担心，大多数关心他人感受的人都是心地善良的人。因此，做出一些有点冷漠的行为并不意味着我们是真的冷漠。

如果能意识到"偶尔冷待他人也是可以的"，你的行动选择就会大大增加，你也会感到更加安心。因为自己愿意而提供帮助、觉得不喜欢就说"不"的情况越多，我们就越会觉得自己在以自己的方式生活，并提高自我肯定感。

当然，你可以继续以同样的方式与那些让自己感到舒适并且能够相互关心的人交往。而对于那些让你感到不舒服且不关心你的人,我们要学做一个"无所谓"的人。

"无所谓"的人看起来不容易感知他人的情绪变化,这和喜欢与人建立联系并对他人感受很敏感的人的性情完全相反。但是,"无所谓"就是一个声明,即无论他人反应如何,我都会贯彻自我。

要做到这一点,就必须放下对别人的高期待。

如果感觉这样做很难,你也可以尝试发表声明,对自己说"不要对他人抱有期望"。这将有助于形成一种"我想做就做,不管别人是否高兴"的态度。同时,这也可以说是以自我为轴心的姿态。

如果能真正地理解自己,做一个不指望别人的"无所谓"的人,那么你就能成为一个无偿给予善意的人,而不会陷入自我牺牲中无法自拔。

即使感觉自己变得越来越冷漠了,也没问题。

6 在人际交往中划清"边界"

确立以自我为轴心的生活方式并提高自我肯定感后，我们将能够处理好自己不喜欢和不善应对的人际关系。

自我肯定感不足时，我们会否认自己的感受，反复提醒自己"不应该讨厌别人""自己以'合不来'为借口主动放弃与他人建立联系是不好的"。我们为此挣扎，想尽一切办法说服自己："我必须和那些与自己不投契的人打好交道。"

而允许自己不喜欢，是拥有较高自我肯定感的人的立场。正是因为接受了真实的自己，所以我们才能允许自己有"不喜欢"和"不擅长"的感觉。

我们要尝试诚实地认可自己的感受，如"我根本没有办法和他做朋友""我不能发自内心地喜欢上这个人""我们并不投缘"……不必担心别人怎么想。

"我是我，别人是别人"的自我暗示在这一点上能给我们很大的帮助，如果觉得以自我为轴心的生活方式正在动摇，请务必尝试采用这种方法。

只要和不喜欢的人划清界限，并与他们保持心理距离，你就能在人际交往中更有"生意头脑"，可以维持好人际关系的和谐。

在商业关系中，人们基本上会忽略感情，只保持商业层面上的交流。在面对自己不擅长应对的人际关系时，你可以尽量避免与对方沟通，如果必须与之正面交谈，请考虑让其他人接手或要求他人与自己一同出席。如果很难做到这一点，请告诉自己这是工作的一部分，你只需要努力围绕要点与对方进行必要的交流。

然而，如果对方给你带来了巨大的压力，请先保护好自己。请记住，作为最后的手段，你也可以选择停止一段关系，如从公司辞职、离婚或与对方绝交。

确立以自我为轴心的生活方式，并且能够很好地与人划定心理界限后，应对自己不喜欢或不擅长的人际关系时就会变得容易很多。

对于自己不喜欢的人，以商业方式对待才是明智之举。

7 深入研究自己为什么不喜欢

有些人可能希望在人际关系中设立心理界限，还希望了解如何与自己不喜欢的人轻松相处。

对于那些人，我建议他们先去理解自己不喜欢的人，即发现自己不喜欢对方的原因后探索如何与之相处。

首先，想一想为什么自己不擅长与对方相处，而有些人却能够和对方相处得很好。这样一来，我们将有可能在自己身上找到抵抗、伤害（厌恶）和"禁止"等情绪。

我们先来说说抵抗。

在心理学上，这被称为投射效应，即人们往往抵触在情绪和地位上与自己相似的人。

在第三章中，我曾谈到父母对孩子的影响。例如，在父亲权威的影响下长大的人会不自觉地讨厌气场与父亲十分相似的领导。不仅仅是领导，他们在看到有人与自己父亲言行相似时，便会把自己对父亲的坏情绪投射到那个人身上，不喜欢对方，甚至讨厌对方。

在认为自己不擅与其相处的情况下，我们经常处于受害者心理模式，在人际关系中往往会处于被动状态并感到压力，但如果你能意识到自己只是将某些特质投射到了他人身上，自然就会轻松很多。

因此，请试着从投射效应的角度来看待自己不喜欢或难以相处的人。

接下来是伤害（厌恶）。

这也是投射效应，即我们不仅会把自己的偏好投射到他人身上，还会把自己的自我厌恶投射到别人身上。例如，如果你不喜欢自己在时间管理上的松散，那么你同样不会喜欢做事经常拖拖拉拉或不守时的人。换句话说，自己不喜欢的人其实和自己很像。因为这个原因而导致自己不擅长与他人相处的情况，比我们想象的要多得多。

想要化解对和自己相似的人的厌恶情绪，最好的解决办法就是提高自己的自我肯定感。

如果能肯定自己，学会去爱存在各种缺点的自己，我们就会对与自己相似的那个人更加宽容，并与之更好地相处。

最后说说"禁止"。

这是指对与自己完全相反的某人感到不喜欢或不善应对。

众所周知，人们通常既讨厌又敬佩那些生活方式与自己相反的人。

例如，认为自己不应该自私、任性的人，看到不在意他人想法、活出自我的人时，心里难免会有些不舒服，不擅长与其相处；接受过严格的礼仪培训的人，在看到不讲究礼仪的人时会感到厌恶；业绩平凡的人，在看到业绩极其优秀的人时会敬佩对方，但又不想和对方打交道。

如果要素一、二都不适用，你也可以尝试问一问自己："自己'禁止'的是什么？"通过这种方法，你可能会找到自己不喜欢某人的理由。

之后你可以尝试重新审视自己，看一看自己是否过度关注自己所认为的"正确"。

随着年龄的增长，人们会更加执着于自己认为正确的标准。但自己认为的正确并不总是与别人眼中的正确相同，大肆宣扬自己的主张时，往往会爆发一场"正确性之争"。

对"正确"的执着越强，你就越容易对人感到沮丧，甚至厌恶。换句话说，你为自己树立了更多的敌人。

如果想与不同的人和谐相处，就要尽可能地放下自己对正确性的执着，不要纠结于此。同样，"我是我，别人是别人"的自我暗示在这方面也会对你有所帮助。

如果能确立以自我为轴心的生活方式并提高自我肯定感，你就不会太在意那些自己不善于应对的、对于"正确"的理解与自己存在差异的人。

最好能够理解为什么自己会讨厌某人。

8 不能过于迁就自己亲近的人

上一节我介绍了怎样和自己不喜欢或不善于相处的人打交道,其实在与自己亲近或相处融洽的人交往时也应采取某些措施。

人与人之间越亲密,"不想破坏关系"或"不想伤害对方"的欲望就越强。这时,我们可能会觉得很难表达自己真实的意图,或者很难在人际交往中划清界限。

因此,很多情况下,我们无法说出自己想说的话,或含糊其词,或通过适时讨论等借口进行拖延。但这种做法只会导致更加严重的问题,甚至使双方关系破裂。

在某些场合,我们有必要以开诚布公的态度与关系亲密的伙伴谈论金钱、家庭、健康、价值观等一般被认为是关系亲密时才能谈论的话题。

谈论这种不可言说的主题需要具备什么样的条件呢?

除勇气之外,我认为还有一件事是很重要的,那就是信任。

如果信任对方，你就可以直接告诉对方自己想要说或应该说的内容。

因为某种机缘巧合而与你成为朋友、恋人、事业伙伴的人，原本就与你在不同环境中长大，双方的价值观和思维方式自然会有差异。人与人之间的不同并不意味着不能相互理解。这虽然可能会导致分歧，但也可能是一个机会，通过沟通彼此的意见分歧形成更强大的关系纽带。

你也可以尝试向前迈出一步，告诉自己"如果我能诚实地对待……，我相信他会尝试理解我""如果这就能毁掉这段关系，那只能说明我们的关系本身就不牢固"。

如果双方都有很强的自我肯定感，想说什么就说什么，并且体贴对方，关系自然就会长久。

不能过于迁就自己所亲近的人，该说的一定要说。

9 优先考虑自己或优先考虑他人

　　自我肯定感提高后,我们在与他人打交道时将有两个选择,即自身至上或他人至上。

　　假设劳累了一天的你非常疲惫,可最好的朋友打来电话说:"我有件事想和你谈一谈,我们今天能一起吃饭吗?"接到电话后,你在"想听对方讲述"和"想在家里放松"这两种想法中纠结不休。在这种情况下,根据自己内心发出的声音,你将面临两个选择:

　　一是自身至上,"我今天真的很累。向对方说'不',并建议另行择日";

　　二是他人至上,"我想帮助他,所以今天一定会按时赴约"。

　　无论选择哪一种,只要自己决定要这样做,那就是正确的选择。通过审视自己的状况,你可以尝试在两者之间积极地做出选择。

即使选择自身至上，以自我轴心的人也不会责怪自己。你可以对朋友说"我很抱歉"，但不要感到内疚，告诉对方"以我现在的状态，根本没办法帮你排忧解难"，并提供其他解决方案。

如果选择他人至上，你可以表扬自己说："尽管很难，但你能帮助自己的朋友，这一点做得很好！"

同样是优先考虑他人的需要，如果处于以他人为轴心的状态，你会抱有"虽然很辛苦，但我还是勉强陪他出去了"的心态，想要得到对方的感谢与回报。如果你觉得自己没有得到足够的回报，彼此之间的感情就会变得疏远，原本和谐亲密的关系也会变得有些紧张。

但如果以自我为轴心，那么这个选择就是在按照自己的意志与对方进行合作，所以你可以很舒服地与人相处，而不会有前文提及的那种感觉。

有些人可能习惯于首先关注他人的感受，但在做出选择时，要先听从自己的心声，这一点很重要。

学会倾听自己心灵的声音，选择自身至上或他人至上。

10 辞职信和离婚协议书的护身符

我曾谈到，许多人在学会以自我为轴心后，周围的人和环境将发生改变。有些人可能想改变环境，比如"辞掉无法感受到自身价值的工作"或"与已经心有隔阂的爱人分手"等。

要做出以前无法做出的决定，需要很大的勇气和自我评价。

你有多相信自己？

你对自己的评价有多高？

我们需要的只是做最好的自己，对自己有信心，不要太在乎别人对自己的评价。

自我评价过低会导致我们对他人的评价产生依赖，从而以他人为轴心。有人会认为，"凭自己的能力是做不到的""如果离婚了，自己将没有能力负担未来的生活"。这样想只会使人变得非常被动，无法积极地采取行动。

遇到这种人，我会提出一些更大胆的建议，即写辞职信或离婚协议书。

下面我将为大家讲述我的一位客户的故事。那位客户一直把辞职信放在自己的口袋里，这使他感觉自己变得更强大，并逐渐允许自己在工作中表达自己的观点。通过这种方式，他的压力似乎大大减轻了，并且不想再换工作了。

此外，另一位客户说，写辞职信让他有种耳目一新的感觉，并且意识到了自己当时真的很想辞职。

撰写正式文件有助于你做好相应的心理准备。撰写的过程能让你意识到自己真的要辞职或离婚，会使你保持清醒，坚定信念，从容地面对现在，从而可能改变原先的观点。比如，你会积极思考："如果担心离婚后自己无法维持生计，现在就必须充实自己，努力学习更多的技能，不断提高自身素质，增强社会竞争力，让自己始终具备独自生活的能力。"

有一个说法是："只要有意志力，就能做成无数事情。"写辞职信和离婚协议书也有类似的效果。如果想要拥有改变自身所处环境的勇气，请务必尝试写一封决心书，并把它作为一个护身符。

写一封辞职信或离婚协议书，并带在身边，即使不上交，也能起到积极作用。

11 与孩子保持适当的距离

出于对孩子的爱和责任感，以孩子为轴心是父母的天性。即使自我肯定感提高，与孩子保持适当的距离也不是一件容易的事。

在这种情况下，我建议各位父母把孩子看作上帝赐予的礼物。

父母只需要与孩子一起生活并与其保持亲密关系，直到他们独立。

如果认为"孩子最终会离开自己，在那之前我只是负责临时监护"，这样的父母就不会不顾一切地过度干涉或过度保护孩子。

此外，培养孩子的独立性也很重要。只有这样，孩子才能在当今这个残酷的社会中生存。毕竟，按照公司铺设的轨道前行也无法换来终身的保障。另外，企业招聘制度也正在发生变化，比过去更加强调个人的主动性和个性。

我理解父母担心孩子的前途，想在各个方面给予其支持的心情，但为了孩子，还是要尽量和他们保持一定的距离，不要过度干涉。

如果能牢记一个前提，哪怕有一天父母和孩子不得不分离，也能让各位父母平静地接受这个事实。

这个前提就是：父母应该与孩子建立"成年人的关系"。

出于这个原因，为人父母后要把目光放在经营自己的婚姻关系上。

很多夫妻常说："没有孩子，和丈夫（妻子）就没什么好说的了。"孩子一旦独立，夫妻二人共度余生的那一天就一定会到来。如果一对夫妻多年来从未维护过彼此之间的关系，将很难有效且快速地修复夫妻关系。

为防止这种情况的发生，夫妻二人应尽量多待在一起，例如在育儿间隙一起出去玩一天。与亲子关系不同，夫妻是完全不具备血缘关系的两个独立的人，不能有意识地维护彼此的关系，会让两个人之间的"鸿沟"越来越大。

你也可以与丈夫（妻子）共同决定，每个周末举行一次夫妻会议。我还建议大家与自己的伴侣分享关于自己的信息，如兴趣、想做的事，以及以自我为轴心后发现的真实自我。

总之，父母要和孩子保持适当的界限和距离。

有意识地努力让自己与孩子之间保持适当距离。

12 父母先幸福起来，孩子才会幸福

对于父母来说，有机会远离孩子并让自己恢复活力是非常重要的。有些人可能会因为只有自己得到享受而感到内疚，但要明白家人的幸福是自己幸福的延伸。

父母尽情地享受幸福，会给家人带来笑容，孩子也会感到幸福。

在日本，人们往往会非常严厉地看待父母的亲子模式。时至今日，人们仍然无法宽恕那些没有以"孩子第一"为方式生活的人，并且会把父母的无私奉献当作一件好事。虽然在男女机会平等上采取了更加宽容的态度，但还是有人拒绝把孩子交给保姆照看。

从某些角度来看，如果孩子真的遭到了忽视，父母的确应该受到谴责。然而，真实情况是，许多父母都没有属于自己的时间，完全沉浸在育儿生活中，并因此疲惫不堪。

如果因为关心孩子或伴侣而不去做自己想做或喜欢做的事

情，我们只会心生怨恨，家庭中也没有人会感到幸福。

尽可能地做自己喜欢和想做的事，你必须记住，自己幸福也是对亲人的尊重。

换句话说，父母必须照顾好自己的情绪。如果能做一些让自己微笑、感到幸福、对家人和他人表现出好心情的事情，自己就能成为孩子的榜样，而孩子也会渴望成为跟父母一样的人。

要做到这一点，父母绝对不能在育儿这件事上随意责备自己，这是很重要的。即使是孩子出了问题，与其花时间自责，还不如去拥抱自己的孩子，听一听他想说的话，摸一摸他的头。

有时父母可能也需要认真地生气一次，但如果父母总是一味地针对自身找原因，认为什么事"都是自己的错"，那就无法严肃地面对孩子，无法正确地对孩子犯错这件事表达愤怒。

当父母放下罪恶感、培养自己的自我肯定感、决定幸福地生活时，会对孩子的自信和自我肯定感产生积极的影响。

不能随意对自己的孩子感到内疚，要幸福起来。

13 克服每一个"问题"

就算我们能够以自我为轴心做出决定后再行动,也并不意味着不会再遇到任何问题。

无论是以自我为轴心还是以他人为轴心,在漫长的一生中,每个人都会遇到各种问题。

但与以他人为轴心不同的是,以自我为轴心的人不会恐慌或迷失自己,不会觉得自己孤立无援,也不会觉得自己被焦虑和恐惧压垮了,所以遇事不容易慌乱。

提高自我肯定感、以自我为轴心,我们就不会否定或误解自己。

我们可以对自己说些好话,如"我知道你很焦虑,你不知道该怎么办了",也可以学会积极地接受自己当下的情况,对自己说"你所有的经历都是来帮助你成长的"等。

假设"也许自己正好需要这样一个问题",我们就能够从不一样的角度获取新的发现。因此,关键是要让"我"成为主语。

例如,"为什么我昨天和上司吵了起来?也许这是为了给我一个警示,让我在工作中做回自己。又或许是在提醒我对自己要更有信心……"总之,我们要换个角度看待问题。

这种思维方式能够确保我们以自我为轴心。我们可以问自己一个问题:"如果造成这个问题的原因是我自己想这样做,那么我想这样做的原因又是什么呢?"这么问会对内心深处的潜意识起作用,并挖掘出自身的真实感受。

意识到自己的真实感受后,我们就知道接下来应该采取什么行动来积极地解决问题。换句话说,我们将能进一步活出自我。

如此一来,我们以后将很有可能会回过头来对自己说:"我因为那个问题的出现而得到了成长。"积极解决问题的信心必定会让我们在日后有所收获,同时也有助于提高自我肯定感。

问题出现时,保持积极的态度,并将其作用于自己的个人成长。

14 认可"小成长"

从以他人为轴心转向以自我为轴心并改变自己的过程中,人们无一例外地都会有一种感觉,即自己最后根本没有改变,而是回到了以前的状态。

自我肯定感低时,我们习惯于关注自己身上不好的地方,所以刚开始以自我为轴心进行思考时,很难注意到自己的变化。许多人天性谦逊,往往会以严格的态度看待自己的改变。

内在变化是主观的,无法明确量化,但你可以将现在的自己与过去的自己进行比较。

回顾以前的自己,你应该会发现一些变化,比如"三个月前还不敢给领导提意见,但现在多少敢说一些了""去年不得不参加自己不想出席的聚会,今年能勇敢地说'不'了"。

只要能看到变化,哪怕微不足道,也请褒扬自己说:"哇,你做得很好。"这将提高你的自我肯定感。

另外,如果你觉得又变回了原来的自己,这不正意味着你曾经有过改变吗？在真正以自我为轴心这一方面，你已经发生了变化，和以前不一样了。

俗话说，"进三步，退两步"，人的变化过程并不总是像一条直线，能够直接走到头。你可能刚刚感觉自己有所改变，之后马上恢复了原样。要知道，你正是通过不断经历这些变化，一点一点变得更好的。

在心理学界，有一段描写心理变化的表述。

"沿着螺旋形楼梯向上走一周，从上往下看，好像又回到了同一个地方。但如果从侧面看，肯定是向上走了一层。同样，心灵的改变与此相似，你觉得好像回到了以前的状态，但其实你可能已经向上爬了一层。"

你一直在成长。通过识别和认可自己的变化，除提高自我肯定感外，你也会更爱自己，从而意识到自己的生活变得比以前轻松了。

最好的你，正在一点一滴地蜕变。

15 善于发现爱的多种形式

我们越能意识到自己值得被爱,自我肯定感就越强。通过前面的内容,你是否已经发现周围人对你的爱了呢?

我们往往只能发现他人"以自己期望的方式"给予自己的爱。但意识到不同的人在以不同的方式来爱自己,可以帮助你发现爱。

例如,有些人会直言不讳地来表达自己的爱;有些人比较害羞且罪恶感很强,会拐弯抹角地表达自己的爱,总爱在言语上否定他人;有些人会通过肢体接触来表达自己的感情,如拥抱或牵手等;有些人以忍耐或默默追随的方式去表达爱。也有人说,两人共处时,即便没有任何语言交流,也依然能感觉到爱。此外,还有人用物质表达自己的爱,送礼花钱都是他们爱的表现。

为了发现这些爱,我们有必要假设自己处于爱的包围下,以这种心态看待他人。做到这一点后,你会发现,也许自己真的被人爱着，有人正在以其独有的方式关心自己。

扩大爱的感受方式将帮助你体验到被爱的感觉，提高自我肯定感。

意识到不同人的不同爱。

16 用爱的眼光正确解读自己的行为

自我肯定感提高后,我们将会更好地给予。

我曾介绍过,给予的意思是"做一些让他人开心的事,且自己也能为此感到开心"。

与其以他人为轴心去猜测对方想要什么、过于努力地牺牲自己,不如以自我为轴心,将给予作为自己的选择,并以此为荣,提高自我肯定感。

"我非常喜欢与人互动,以至于我想去感知他们的情绪并采取行动",这也是一种与爱有关的行动。

通过这种方式对爱进行解读可能会令你有点尴尬,但爱的确具有很大的力量。与爱相连时,我们将感受不到负面情绪。

然而,爱是抽象的,除非已经意识到爱,否则将很难注意到它的存在。在自己的行为是"因爱而生"的前提下,看待过去和最近的各种事件。

例一:我热爱公司和自己的本职工作,因此才会努力工作，不辜负上司的期望。

例二：我爱自己的家人和家庭，因此才会尽力与难搞的亲戚们相处。

例三：我希望自己能够成为爱人的坚强支撑，因此近期才会多承担一些家务。

例四：我今天早上承颜候色的发言，是出于对友好的工作氛围的维护。

在某些情况下，一切为爱出发可能会取得适得其反的效果，甚至其中可能蕴藏着算计和自我保护的意味。

如果能认识到自己心中有爱，而不是只根据结果来评价自己，你一定会更爱自己，也会为自己感到骄傲、自豪。

意识到自己喜欢不同的人和物。

17 加强人际互动

"人类不愧是最优秀的物种。"说出这样的话,是你在提高自我肯定感之后的目标。

要提高自我肯定感,首先必须以自我为轴心。之后,通过考虑他人的感受,为其付出并信任他们,我们将能够确立对双方都有利的最佳社交距离。

换句话说,如果一定要排序,我们首先要考虑的是自己,之后是他人,最后是自己与对方之间的关系。

为维持所谓的重要关系,或许你曾排序有误,过于关心对方,置自己于脑后,处处被人牵着鼻子走,疲于应付,所以直到现在都过得非常痛苦。当你意识到这一事实时,你已经迈出了提高自我肯定感的第一步。

你会逐步发现,提高自我肯定感就意味着对自己有更深的理解。如果能通过本书的内容,深入审视自己,从中汲取教训,进而建立起灵活的人际关系,你一定会发现与人相处的快乐。

你一直都很爱别人，所以才会在社会交往中遇到一些问题。提高自我肯定感会给你带来很大的成就感，你一定也能在此过程中重拾自我。

本书中可能会有一些内容难以理解，或者你理解其中缘由，却无法有效实践。但如果能反复阅读并从细微之处开始尝试改变，你一定会在某一个时刻恍然大悟。请看一看自己身上那些微小的变化，对待自己就像每天浇灌和培育植物一样，需要耐心和细心，你的自我肯定感会在这样的照顾下逐步提高。

摆脱一直以来惩罚自己的强烈罪恶感，幸福地保持自己的本色，你将成为一个充满喜悦和懂得感恩的人，一个拥有大爱的疗愈者。

如果这本书能帮助你重拾自我，拥有幸福的人生，我将非常高兴。

逐步提高自己的自我肯定感，体验与人相处的快乐。

总　结

- 自我肯定感螺旋式上升

- 与他人互动的快乐
- 认识到自己的爱
- 发现各种各样的爱

- 认为自己也许并未改变也没关系
- 出现问题也没关系

- 父母幸福
- 与孩子保持适当距离

- 随身携带辞职信或离婚协议书

- 优先考虑自己或优先考虑他人都可以
- 与自己身边的人坦诚交谈
- 明白自己为什么不喜欢

- 不擅长与某人相处也没关系
- 认为自己很冷漠也没关系
- 人际关系紧张也没关系

- 让敏感成为优势
- 允许他人说"不"
- 学会说"不"